中等职业教育
计算机专业系列教材

网络操作系统与管理

中等职业教育计算机专业系列教材编委会

总主编　张小毅

主　编　黄文胜　李开强

编　者（以姓氏笔画为序）

黄文胜　曾长春

刘东霖　邱方家

重庆大学出版社

内容简介

本书以企业中对 Windows Server 2003 系统应用的需求为主线,按"模块→任务→活动"的模式组织教材内容,重点培养读者利用 Windows Server 2003 构建网络应用环境所需的实践操作能力和必备的理论知识,实施各种网络服务的配置和系统的管理能力。本书包括 6 个模块,它们是:Windows Server 2003 系统管理基础、Windows Server 2003 资源管理、配置管理 Windows Server 2003 的网络服务、实现 Windows Server 2003 域、安装配置应用服务器和管理 Windows Server 2003 网络。本书内容选择取自企业应用实际、结构合理、讲述简明准确、配置步骤清晰、可读性好,具有很高的实用性和适应性。

本书适合中等职业学校计算机网络专业及相关专业使用,也可作为企事业网络管理员的参考书,同时还是一本较好的计算机网络爱好者的自学教材。

图书在版编目(CIP)数据

网络操作系统与管理/黄文胜,李开强主编.—重庆:重庆大学出版社,2011.6(2023.1 重印)
中等职业教育计算机专业系列教材
ISBN 978-7-5624-6102-9

Ⅰ.①网⋯　Ⅱ.①黄⋯②李⋯　Ⅲ.①网络操作系统—中等专业学校—教材　Ⅳ.①TP316.8

中国版本图书馆 CIP 数据核字(2011)第 056810 号

中等职业教育计算机专业系列教材
网络操作系统与管理
总主编　张小毅
主　编　黄文胜　李开强
策划编辑:李长惠　王　勇　王海琼
责任编辑:王海琼　张晓华　丁薇薇　　版式设计:莫　西
责任校对:邹　忌　　　　　　　　　　责任印制:赵　晟

*

重庆大学出版社出版发行
出版人:饶帮华
社址:重庆市沙坪坝区大学城西路 21 号
邮编:401331
电话:(023)88617190　88617185(中小学)
传真:(023)88617186　88617166
网址:http://www.cqup.com.cn
邮箱:fxk@ cqup.com.cn(营销中心)
全国新华书店经销
POD:重庆新生代彩印技术有限公司

*

开本:787mm×1092mm　1/16　印张:14.75　字数:368 千
2011 年 6 月第 1 版　　2023 年 1 月第 4 次印刷
ISBN 978-7-5624-6102-9　定价:39.00 元

前　言

网络操作系统与管理是中等职业学校计算机网络专业的核心专业课程,本课程的教学目标是使学生能够运用 Windows Server 2003 操作系统提供的网络技术支持和各种服务,并根据企业网络应用的实际需求进行网络应用环境的规划设计、配置调试和管理维护,达到初级网络管理员的能力水平。

本书在内容组织和编写风格上摒弃了传统教材重理论、轻实践,强调体系完整,文字晦涩难懂的弊端,以企业实际应用为主线,按企业对网络的应用变化需求为驱动,把专业知识和实践技能有机结合在一起。按"模块→任务→活动"的模式组织教材内容,教材中每个模块、任务和活动所涉及的知识和操作技能都与企业实际的网络应用紧密相关,让读者学习后能直接用于网络实践,使他们真正体会到学习的趣味性和实用性并获得学习成功的体验。在教材结构规划、内容组织、文字编撰等方面始终坚持以人为本的原则,体现了中等职业计算机专业学生在知识与技能、过程与方法、情感态度与价值观等方面的基本要求。教材中必备知识的陈述图文并茂,文字通俗易懂,预留的探索问题极有挑战性并能激发读者学习兴趣,精要的参考为读者排忧解难。全书内容的安排突出"以学生为中心"的教育理念,教师是学生学习的组织者、参与者和引领者,促使教师以新课程的理念来组织教学,让学生去探究、发现知识,通过实训熟练操作技能。

教材内容是在对企业网络应用详实调查基础上确立的,体现了企业对 Windows Server 2003 操作系统在企业应用中的配置管理能力要求。全书共分六个模块:

模块一　Windows Server 2003 系统管理基础,介绍了 Windows 2003 安装要求和实施过程,Windows Server 2003 基础运行环境的配置,磁盘管理技术和建立特定管理用途的 MMC。

模块二　Windows Server 2003 资源管理,介绍了 NTFS 文件系统中数据的管理和实施方法,建立文件共享系统,使用组简化对资源访问的管理和实施 Windows Server 2003 对数据资源保护的安全性策略以及数据备份和还原技术。

模块三　配置管理 Windows Server 2003 的网络服务,重点介绍了 Windows Server 2003 提供的 DHCP、DNS、路由、NAT、VPN 等实用的企业级服务的原理和实施技术。

模块四　实现 Windows Server 2003 域,简单介绍了域模式网络的基本概念和特点,从工作组升级到域的实施技术以及在域中用户、组和资源的管理。

模块五　安装配置应用服务器和管理,介绍了在企业中常用的网络应用服务组件 WEB、FTP、Email、WMS 和打印服务的配置和管理等实用技术。

模块六　管理 Windows Server 2003 网络,介绍了 Windows Serve 2003 常用的管理方法和管理技术实现以及常见网络问题的故障排除方法。

本书由黄文胜担任主编,模块一由黄文胜编写,模块二由曾长春编写,模块三、四由刘东霖编写,模块五、六由邱方家编写。在编写过程中,我们尽可能不出现错误和疏忽,但可能仍不能完全避免错误的产生。如果你在使用中发现了问题,请和我们联系,我们将真诚接受你们的建议和批评,并及时进行修改。

联系方式:hungws@21cn.com

编　者

2010 年 5 月

目 录

1

Windows Server 2003 系统管理基础

模块概述

  Windows Server 2003 是凝聚了微软多年来的技术积累而开发出的企业级操作系统，专门作为网络操作系统或服务器操作系统，具有高性能、高可靠性和高安全性，以满足日趋复杂的企业应用和 Internet 应用。"达康"公司计划采用 Windows Server 2003 Enterprise 操作系统来构建公司信息化网络平台，你将跟随网络工程师一起完成网络服务器的规划，操作系统的安装，并实施系统基础环境的配置。在完成本模块后，你将能够：

  ◆合理规划硬盘分区和文件系统

  ◆安装 Windows Server 2003 Enterprise 系统

  ◆建立 Windows Server 2003 系统的基础运行环境

  ◆配置 Windows Server 2003 网络连接

  ◆配置和管理磁盘

  ◆配置 MMC 管理控制台

任务一　安装 Windows Server 2003 Enterprise 系统

安装操作系统是构建网络应用平台的基础工作之一,要顺利安装 Windows Server 2003 Enterprise 系统,你必须准备好满足其硬件要求和兼容性的服务器计算机,规划好磁盘分区和选择要使用的文件系统,最后完成系统安装过程。本任务要求你:

①了解 Windows Server 2003 的版本及硬件要求;

②规划磁盘分区;

③选择要使用的文件系统;

④安装 Windows Server 2003 Enterprise 系统。

一、安装前的准备

1. Windows Server 2003 各版本的硬件要求

操作系统是一种系统软件,它的正常运行需要一定的计算机硬件条件。Windows Server 2003 共有 4 个版本,分别用于企业不同规模和用途的业务处理,它们对硬件的要求各不相同,如下表所示。你可以登录微软官方网站 www.microsoft.com,了解 Windows Server 2003 各版本的用途。

表 1-1　Windows Server 2003 各版本的硬件需求

硬件要求	版　本	Standard 标准版	Enterprise 企业版	Datacenter 数据中心版	Web Web 版
CPU 速度	最小	550 MHz	Itanium 733 MHz	Itanium 733 MHz	550 MHz
	推荐	2 GHz	3 GHz	3 GHz	2 GHz
内存容量	最小	256 MB	512 MB	512 MB	256 MB
	推荐	512 MB	1 GB	1 GB	512 MB
	最大	4 GB	Itanium 64 GB	Itanium 512 GB	2 GB
CPU 支持数目		4	8	8 ~ 64	2
仅安装用磁盘容量		1.5 GB	1 GB	1 GB	1.5 GB

Windows Server 2003 操作系统产品一般以 CD 或 DVD 光盘形式提供,专业的服务器可能没有配置 CD 或 DVD 光盘驱动器和至少支持 VGA 的显示器,因此你还需要准备相应的光盘驱动器和显示器。

2. Windows Server 2003 各版本的区别

● 标准版(Standard Edition) 针对中小型企业,具备除元目录服务(MMS)支持、终端服务会话目录、集群服务以外的所有服务功能。

● 企业版(Enterprise Edition) 针对高端服务的需求,适用于大型企业,具备所有服务功能。

● 数据中心版(Datacenter Edition) 满足高性能数据处理的要求,具有极其可靠的稳定性与扩展性,具备除 Internet 连接防火墙、Internet 连接共享以外的所有服务功能。

● Web 版(Web Edition) 针对 Web 服务进行优化,不能作域控制器,只能在域中作成员服务器。

 友情提示

● 企业一般选用专业服务器来搭建企业内部网的信息服务平台,在选购时要关注该服务器是否对你要使用的服务器操作系统进行了优化,这样你不用担心操作系统与硬件的兼容性问题。

● 如果是选配的服务器,可到 www. windowsservercatalog. com 查阅硬件兼容性列表 (HCL),了解你选用的硬件是否被 Windows Server 2003 支持,以避免硬件的不兼容造成系统的不稳定或根本无法安装系统。

● Windows Server 2003 的企业版和数据中心版的 64 位版本基于 Itanium 64 位 CPU,不能安装在 32 位系统上。

● 影响操作系统运行性能的主要因素有 CPU、内存和硬盘,单纯追求高主频的 CPU 对提高性能效果不大,增加内存容量,改用 SCSI 接口的硬盘对性能的影响直接而是有效的。

3. 规划服务器硬盘

(1)硬盘的物理结构和逻辑结构

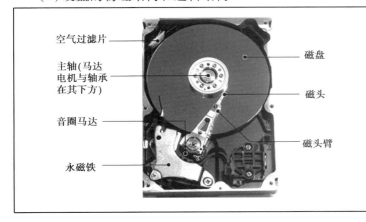

硬盘一般由多个硬盘盘片组成,它们套在驱动电机的主轴上,每个盘片有两个盘面(Side),每个面上都有一个磁头(Head),盘片以主轴为中心转动,磁头在步进电机的带动下做径向移动,这样磁头可以完成对整个磁盘存储区域的读写操作。

盘面 Side 从上到下从"0"开始依次编号,磁头与盘面号相同。

3

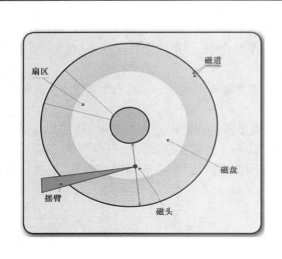

磁道（Track）：磁头固定不动，盘片转动一周，磁头在盘片上划过的圆形轨迹称为磁道。

磁道（Track）：磁头固定不动，盘片转动一周，磁头在盘片上划过的圆形轨迹称为磁道。

柱面（Cylinder）：所有盘片上的磁道号相同的磁道组成柱面。

扇区（Sector）：磁道等分成若干段，其中的一段就是扇区。扇区是磁盘中最小的存储单元，一个扇区的容量是 512 B。

磁道从外向内从"0"开始顺序编号，柱面编号与磁道号相同，每个磁道上的扇区从"1"开始编号。

（2）硬盘分区及类型

硬盘必须经过分区后才能投入使用。通过分区将硬盘的整个存储空间划分成若干个相互独立的部分，每个部分作为一个独立的单元来使用。每个分区可单独进行格式化，采用不同的文件系统。

磁盘中的数据存储分为两个区域，如下图所示。

MBR	文件数据存储区

MBR（Master Boot Recorder）称为主引导记录，它位于整个硬盘的 0 磁道 0 柱面 1 扇区 NTFS 字节，另外的 64 个字节作为 DPT（Disk Partition Table，硬盘分区表）。

MBR 包括启动管理程序和硬盘分区表两个重要内容。如果硬盘的主引导扇区物理性损坏了，系统就无法使用这块硬盘。

与硬盘分区密切相关的是 MBR 中的 DPT，它记录了硬盘的分区信息。每个分区信息包括了该分区的起始柱面号和结束柱面号，硬盘分区实质上是修改 DPT 中的分区记录。由于 DPT 容量有限，只能保存 4 个分区记录，所以一块硬盘最多能划分成 4 个分区。

硬盘分区有主分区（Primary）和扩展分区（Extended）两种。主分区可以直接被系统使用，因为一块硬盘只能有一个扩展分区，所以扩展分区还必须进一步划分成逻辑分区（Logical）后才能使用。在系统中主分区和逻辑分区都可以独立分配驱动器盘符。

友情提示

- 一块硬盘的主分区和扩展分区一共不超过 4 个,但一块硬盘的扩展分区只能有一个,扩展分区可以划分成若干的逻辑分区,逻辑分区也称为逻辑驱动器。
- 操作系统必须安装在主分区上。
- 在 Windows 系统下进行硬盘分区时,用户只需要提供分区大小数据,系统会自动检测分区的起始柱面号和结束柱面号,并修改相应的 DPT 记录。

(3)文件系统

文件系统是对文件存储器空间进行组织和分配,负责文件的存储并对存入的文件进行保护和检索的系统,它是操作系统的重要功能模块之一。不同的文件系统在磁盘上组织文件的方法是有区别的。在 Windows 操作系统中常见的文件系统有 FAT 和 NTFS 两大类型。

在 Windows 系统下,文件存入硬盘时,文件系统要为文件分配存储空间,分配的基本单位称为簇(Cluster),一个簇由 2^n 个扇区组成,具体大小与硬盘总容量和文件系统的类型有关。一个文件占用一个或多个簇的空间,最后一簇往往不会用完,但也不能再分配给另外的文件使用,因此簇的大小影响硬盘的使用效率。

- FAT 文件系统　FAT(File Allocation Table) 文件系统有两个版本:FAT16 和 FAT32 两个版本。只能在 Win 9x 下使用 FAT16 文件系统,支持的分区最大为 2 GB,分区越大簇相应也大,导致存储效率低造成存储空间的浪费大,因此 FAT16 文件系统已不能适应当前系统的要求了。FAT32 支持的磁盘大小达到 2 TB,支持分区最大为 32 GB,但不支持小于 512 MB 的分区。FAT32 文件系统采用了更小的簇,因此它可以更有效率地保存信息。

- NTFS 文件系统　NTFS(New Technology File System) 文件系统是一个基于安全性的文件系统,是 Windows NT 以上服务器操作系统采用的高性能文件系统,支持建立动态磁盘。其主要特性有:

➤ 提供文件级和文件夹级别上的安全访问控制。

➤ 支持的分区大小可达 2 TB。

➤ 支持对分区、文件夹和文件的压缩。

➤ 采用更小的簇,分区的大小在 2 GB 以上时(2 GB ~ 2 TB),簇的大小都为 4 kB,可以更有效率地管理磁盘空间。

➤ 可以进行磁盘配额管理,可对每一个用户的磁盘使用情况进行跟踪和控制。

➤ 是一个可恢复的文件系统,NTFS 使用日志文件和检查点信息自动恢复文件系统的一致性。

友情提示

- 建议在安装 Windows Server 2003 Enterprise 系统时采用 NTFS 文件系统。Windows Server 2003 的诸多新功能必须在 NTFS 下才能实现。
- 使用 Convert 命令可以把 FAT 文件系统转换成 NTFS 文件系统。如要把 C 盘 FAT 文件系统转换成 NTFS,可以执行 Convert c:/fs:ntfs 命令,但不可无损地逆向转换。

 【做一做】

一台服务器的硬盘有 250 GB,要求操作系统安装在独立的分区上,服务器程序安装在一个分区上,常用软件、工具和驱动程序备份,数据备份各在一个分区上,请在下表中写出硬盘分区方案(分区类型,容量,采用的文件系统等)。

分区号	分区类型	文件系统	容　量

4. 全新安装或升级安装

Windows Server 2003 提供了全新安装和升级安装两种方式。

全新安装方式在安装过程中管理员具有较大的主动权和灵活性,如可以选择磁盘分区和文件系统,可以实现多系统并存。全新安装的系统稳定性好,运行快捷,但不能保留原系统的配置信息,一切必须重新配置,增加管理工作量,适合全新服务器的安装。

升级安装是在现有系统的基础之上安装 Windows Server 2003,升级安装后的系统保留原系统配置信息,管理工作量小,但如果有兼容性问题可导致系统运行不稳定。Windows Server 2003 支持从下面几种系统升级到 Windows Server 2003 Enterprise 系统。

➤ Windows NT Server 4.0 SP5
➤ Windows NT Server 4.0 Terminal Server SP5
➤ Windows NT Server 4.0 Enterprise SP5
➤ Windows Server 2000
➤ Windows Advanced Server 2000
➤ Windows Server Standard 2003

二、安装 Windows Server 2003 Enterprise 系统

1. 安装前的准备工作

在安装 Windows Server 2003 Enterprise 系统前,需要按下表检查安装前的准备工作。

序　号	事　项	状　态
①	Windows Server 2003 Enterprise 系统安装光盘	
②	必要的驱动程序	
③	是否需要自备光驱动器和显示器	
④	服务器计算机硬件连接	
⑤	服务器计算机能否正常启动	
⑥	是否需要数据备份	
⑦	硬盘分区计划	
⑧	工作日志与笔	

2. 启动安装程序

Windows Server 2003 的系统安装光盘带有启动功能并能自动运行安装程序。通常情况下,需要进入 BIOS 设置程序,修改系统引导顺序,把第一启动设备设置为光驱,然后重新启动计算机即可。

友情提示

- 现在的主板提供了计算机启动时选择启动设备的功能,只需要按一个功能键就可以打开选择菜单,不同的主板提供的功能键不一样,请按屏幕提示进行操作。
- 如果系统安装盘不具有引导功能,可以用其他方式引到系统到 DOS 环境下,然后执行系统光盘上 i386 目录下的 setup.exe 可启动安装程序。

3. 进入文本安装过程

安装程序运行后先把必要的文件复制到磁盘上,然后进入文本安装过程。此过程你要选择是修复系统还是安装新系统,完成硬盘分区,选择文件系统和格式化硬盘分区等工作。
请参照表中的图示和说明完成文本安装阶段的配置任务。

```
Windows Server 2003, Enterprise Edition 安装程序

欢迎使用安装程序。

这部分的安装程序准备在您的计算机上运行 Microsoft(R)
Windows(R)。

    ◎  要现在安装 Windows,请按 Enter 键。

    ◎  要用"恢复控制台"修复 Windows 安装,请按 R。

    ◎  要退出安装程序,不安装 Windows,请按 F3。




Enter=继续   R=修复   F3=退出
```

如果服务器原来的系统文件受到损坏,按"R"键进行系统修复,可快速解决系统问题,这比全新安装一个系统要省事得多。

按"Enter(回车)"键进行全新安装。

此步请按"Enter"键,全新安装系统。

```
Windows 授权协议

MICROSOFT 软件最终用户许可协议

MICROSOFT WINDOWS SERVER 2003, STANDARD EDITION
MICROSOFT WINDOWS SERVER 2003, ENTERPRISE EDITION

请仔细阅读以下最终用户许可协议(《协议》)。一旦安装
或使用随此《协议》提供的软件("软件"),即表明您同
意本《协议》的各项条款。如果您不同意,则不要使用"软
件",同时,如果可行,您可以将其退回到购买处并获得全
额退款。

在未征得您同意的情况下,此"软件"不会将任何可认明个
人身份的信息从您的服务器传送到 MICROSOFT 计算机系统。

1. 通则。本《协议》是您(个人或单个实体)与 Microsoft
Corporation("Microsoft")之间达成的法律协议。"软
件"和任何相关媒体和印刷材料受本《协议》的约束。"软
件"包括计算机软件(包括联机和电子文档)。本《协议》
适用于 Microsoft 可能向您提供或使您可以得到的"软件"

F8=我同意   Esc=我不同意   Page Down=下一页
```

按"Page Down"键阅读授权协议,然后按"F8"键接受协议,进入下一步安装。

```
Windows Server 2003, Enterprise Edition 安装程序

以下列表显示这台计算机上的现有磁盘分区
和尚未划分的空间。

用上移和下移箭头键选择列表中的项目。

    ◎  要在所选项目上安装 Windows,请按 Enter。

    ◎  要在尚未划分的空间中创建磁盘分区,请按 C。

    ◎  删除所选磁盘分区,请按 D。


5115 MB Disk 0 at Id 0 on bus 0 on atapi [MBR]
   未划分的空间                      5114 MB



Enter=安装   C=创建磁盘分区   F3=退出
```

此向导对话框显示了硬盘分区状况。按"C"键创建分区。如果硬盘是分了区的,按"D"键可删除条状光标所在的分区。

如果是新硬盘,请按"C"键创建需要的分区。

8

Windows Server 2003, Enterprise Edition 安装程序 您已要求安装程序在 5115 MB Disk 0 at Id 0 on bus 0 on atapi [MBR] 上创建新的磁盘分区。 　　◎　要创建新磁盘分区，请在下面输入大小，然后按 Enter。 　　◎　要回到前一个屏幕而不创建新磁盘分区，请按 Esc。 最小新磁盘分区为　　　8 MB。 最大新磁盘分区为　　5107 MB。 创建磁盘分区大小(单位 MB)：4096_ Enter=创建　　Esc=取消	输入分区容量大小，单位是 MB，然后按"Enter"键。
Windows Server 2003, Enterprise Edition 安装程序 以下列表显示这台计算机上的现有磁盘分区 和尚未划分的空间。 用上移和下移箭头键选择列表中的项目。 　　◎　要在所选项目上安装 Windows，请按 Enter。 　　◎　要在尚未划分的空间中创建磁盘分区，请按 C。 　　◎　删除所选磁盘分区，请按 D。 5115 MB Disk 0 at Id 0 on bus 0 on atapi [MBR] 　C：　分区 1 [新的(未使用)]　　　　　4095 MB (4094 MB 可用) 　D：　分区 2 [新的(未使用)]　　　　　1012 MB (1011 MB 可用) 　　　　未划分的空间　　　　　　　　8 MB Enter=安装　　D=删除磁盘分区　　F3=退出	把光标移到未划分的空间上，重复前述操作，完成硬盘分区。 　　系统留有 8 MB 的空间不能划入分区中。 　　选择系统安装在 C：分区上，然后按"Enter"键。
Windows Server 2003, Enterprise Edition 安装程序 选择的磁盘分区没有经过格式化。安装程序 将立即格式化这个磁盘分区。 使用上移和下移箭头键选择所需的文件系统，然后请按 Enter。 如果要为 Windows 选择不同的磁盘分区，请按 Esc。 　用 NTFS 文件系统格式化磁盘分区（快） 　用 FAT 文件系统格式化磁盘分区（快） 　用 NTFS 文件系统格式化磁盘分区 　用 FAT 文件系统格式化磁盘分区 Enter=继续　　Esc=取消	选择格式化硬盘分区的文件系统，服务器一定要选择 NTFS 文件系统格式。 　　带"快"的选项，不必等待整个分区格式化完成就可进入下一步安装，其格式化操作在后台进行。

9

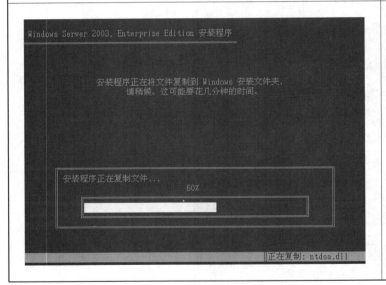

开始对选定的硬盘分区进行格式化。

正在复制安装文件到硬盘上。

文件复制完成后,需要重新启动计算机,按"Enter"键立即重新启动。

 友情提示

- 建议把系统和服务等程序安装在一个独立的分区中,如果因故必须重装系统,可把该分区删除后重建,或格式化后进行全新安装,就不会造成数据丢失。或把整个分区备份,以便快速恢复系统。
- 在格式化之前,可随时按"F3"键退出安装程序。

4．图形化安装过程

（1）基础信息收集设置阶段

完成文本安装，计算机重启后进入图形化安装阶段，计算机开始检测硬件和安装相应的驱动程序，这过程一般自动完成。如果不能检测到网卡或无法安装网卡驱动程序，安装过程将暂停，直到问题得到解决。

请根据下表中提供的主要安装步骤为安装程序确定实际需要的区域和语言选项，提供授权信息、产品密钥，选择授权模式，设置管理员密码及系统日期及时间等安装信息。

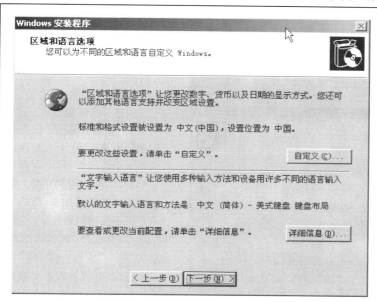

选择区域和语言选项。如果是中文版，此处保持默认。

"区域"决定了数字，货币和日期的显示方式，单击"自定义"按钮可更改系统默认设置。

"语言选项"用于设置要使用的文字输入方法，单击"详细信息"按钮可进行设置。

输入授权使用者的姓名和单位。

规范的做法是输入管理员的姓名和所在单位。实际上可以输入虚拟的姓名和单位名。

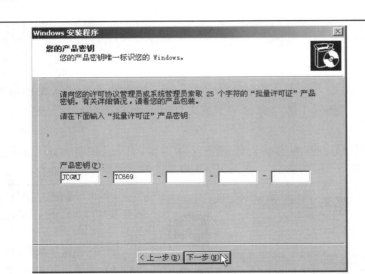

正确地输入 25 个字符组成的产品密钥。

产品密钥是软件的身份证，拥有产品密钥是合法使用软件的基本前提，没有产品密钥安装过程将不能进行。

选择授权模式。

"每服务器"模式要求访问服务器的每个连接需要一个访问许可证，而客户端不需要访问许可证。如当前连接数已用完，新的客户机不能访问服务器。

"每用户"模式要求每个客户端需要一个访问许可证，拥有许可的客户端可以连接到网络中的多个服务器上。

设置计算机名，建议按服务器的用途或地理位置命名，以便使用和管理。

Administrator 是安装过程创建的系统管理员账号，是系统安装完成后唯一能登录系统的账号。为安全起见，请为它设置登录密码。

把日期和时间修改成当前的日期和时间。

准确的日期和时间对服务管理和提供服务有重要意义。

（2）安装网络组件阶段

这一阶段要求你选择并安装实现网络功能的协议、服务及客户端，并选择该服务器所在网络的模式。

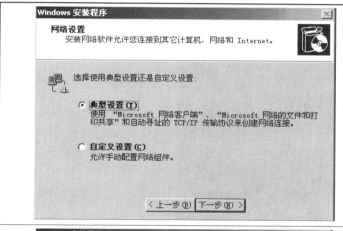

选择网络设置的方式。

"典型设置"是安装系统默认的网络组件。

"自定义设置"允许管理员为特殊的网络连接需求安装网络组件。

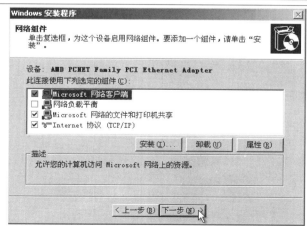

选择"自定义设置"后的画面，列表中显示了当前选定的组件。

通过勾选复选框可决定在网络连接中是否使用该组件的功能。

单击"安装"按钮可以为网络连接安装特定的组件，有客户端、服务和协议。

13

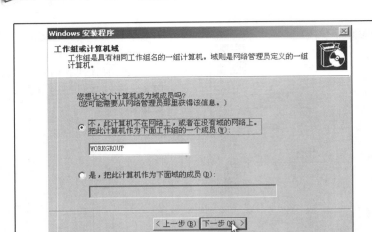

决定本服务器是在工作组中还是域中。

如果加入已有的工作组中,你需要把工作名设置成与现有工作组名一致。

如果要加入域中,你需要知道域名,域管理员账号和密码,以及 DNS 服务器地址等信息。

通常先安装为工作组中的计算机,完成网络连接测试后,再加入到域中。

(3)复制文件和注册组件

完成网络设置后,安装程序将复制系统文件、注册组件和保存设置等,然后重启计算机,完成系统的基础安装。

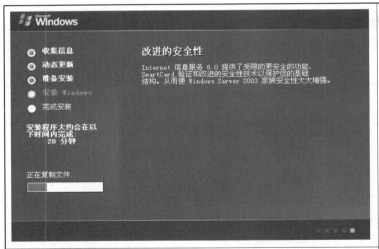

先复制系统文件,然后注册组件。

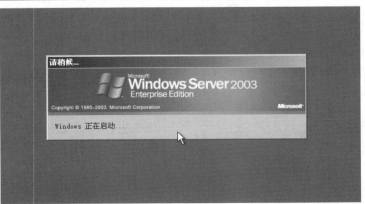

保存系统设置,然后重启计算机。

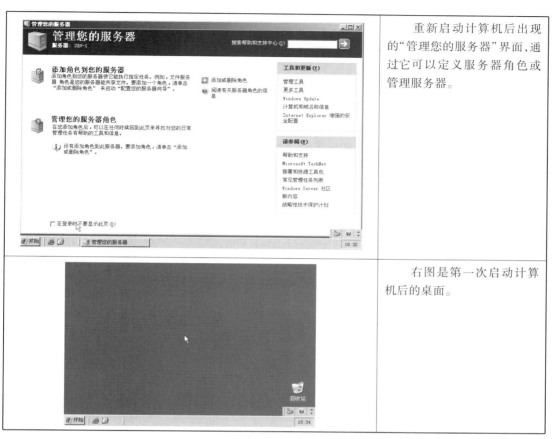

重新启动计算机后出现的"管理您的服务器"界面,通过它可以定义服务器角色或管理服务器。

右图是第一次启动计算机后的桌面。

【知识窗】

(1)微软 Windows 服务器许可证模式

使用微软的服务器产品需要支付两笔费用:即服务器产品本身的费用和客户机连接到服务器的许可证费用。Windows Server 2003 的价格是 3 万元左右,一个用户许可证 340 元左右。作为信息主管,应该根据企业的实际应用情况来选择许可证模式,以降低信息化成本。

- "每服务器"模式要求访问服务器的每个连接必须有一个许可证。如果你的企业有 100 台计算机需要同时登录到服务器,则使用费用约为 $(30\,000 \times 1 + 340 \times 100)$ 元 $= 64\,000$ 元。如果你要同时满足 110 台登录,你必须另外购买 10 个许可证。

- "每用户"模式要求访问服务器的每台计算机必须有一个许可证。如果你有 100 台计算机,5 台服务器,则使用费用约为 $(30\,000 \times 5 + 340 \times 100)$ 元 $= 184\,000$ 元。这种情况下采用"每服务器"模式的费用将是 $(30\,000 \times 5 + 340 \times 100 \times 5)$ 元 $= 320\,000$ 元。使用"每用户"模式在以后添加服务器时只需付出服务器产品的费用,而不需要再购买许可证了。

（2）工作组与域

工作组与域是 Windows 环境下管理网络资源访问的两种模式。

- 工作组模式的网络为对等式网络,资源分布在网络上的不同计算机中,由各自的用户管理,通过"网上邻居"访问共享资源,为了使用资源你可能需要频繁登录到相应的计算机中。工作组式的网络是一处松散式管理,可以通过定义不同的工作组来分类不同的计算机,但当网络中计算机较多时会带来使用和管理上的问题。
- 域是共享一个公用目录数据库的 Windows Server 2003 计算机的集合。目录数据库中存储了网络中所有对象的信息。一个域可以轻松实现管理成千上万个对象,而用户只要在域中有一个账户就可以一次登录访问网络中的所有资源。

【做一做】

一家企业有 50 个用户,需要同时登录到服务器访问共享资源。随着企业的业务发展,可能要随需增添服务器。你认为应该选择哪种许可证模式更能降低信息化成本? 谈谈你的理由。

任务二　配置 Windows Server 2003 基础环境

Windows Server 2003 初步安装完成后,为了保障系统高效运行,需要正确安装并管理硬件设备、正确设置系统属性、管理系统的服务、创建任务计划等,以保障系统按企业需求优化运行。本任务要求你:

①查看并管理硬件设备;
②安装或更新硬件驱动程序;
③使用并管理硬件配置文件;
④配置满足运行要求的高级系统属性;
⑤配置服务器运行的电源方案;
⑥管理系统服务;
⑦创建任务计划。

一、管理硬件设备

16

硬件设备是把硬件实体和它的驱动程序联系起来的操作系统的通信模块。在 Windows Server 2003 中,通过"设备管理器"来管理系统中的硬件设备。

1. 查看硬件信息和状态

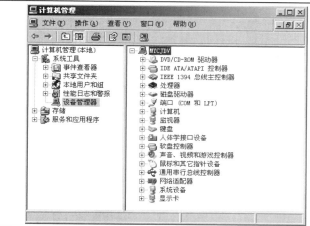

右击"我的电脑",在弹出的快捷菜单中选择"管理"命令,打开"计算机管理"窗口,在左侧列表中单击"设备管理器"项。

双击设备名称或单击其前面的"+"按钮,可以查看其管理的具体硬件。

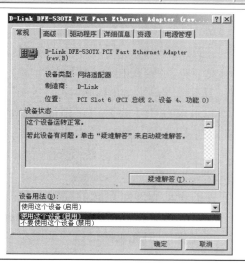

双击硬件名称或右击后选择"属性"命令,可查看硬件的信息。

你可以获得硬件的制造商、安装位置、当前状态以及使用系统资源等信息。

在"设备用法"列表框中可选择启用或禁用此硬件。

友情提示

- 在设备名称前面有"红色叉"图标时,表明此硬件被禁用。出现"感叹号"则表示此设备没有正确安装驱动程序或硬件有问题。
- 在系统中每个硬件都要使用不同的中断号(IRQ)、I/O 范围和内存范围,否则发生资源使用冲突而导致硬件无法正常工作。建议使用系统自动设置的数据,不要随意修改。

2. 管理设备状态

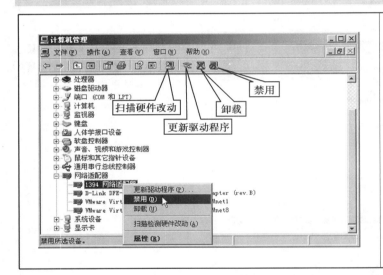

"扫描检测硬件改动":可以让系统发现即插即用硬件。

"禁用":让所选设备暂停与系统通信,禁用的设备可以重新启用。

"卸载":将删除硬件的驱动程序并释放其占用的系统资源。

3. 向系统中添加硬件

硬件插接到计算机主机后,还必须正确安装驱动程序并经过必要的设置后才能正常工作。因此添加硬件分两步完成:先安装硬件,然后安装硬件的驱动程序。

硬件必须要得到操作系统核心的支持才能在系统中工作。由于硬件种类繁多且发展变化很快,不可能在操作系统核心中直接实现对所有硬件的支持,通常是把对具体硬件支持的操作系统模块独立出来,这就是硬件驱动程序,由硬件厂商按系统规范独立开发,以外挂的形式工作。因此,使用硬件前要先安装硬件的驱动程序。

驱动程序属于操作系统的核心模块,不良的驱动程序对系统的稳定性和兼容性有具大的威胁。微软对合作厂商开发的 Windows 驱动程序经测试认可后通过 Microsoft 数字签名来保证硬件在 Windows 系统中运行的稳定性和兼容性。但你仍然可以安装未经签名的驱动程序,这要通过设置签名验证等级来实现。

（1）设置驱动程序签名验证等级

右击"我的电脑"，选择"属性"→"硬件"→"驱动程序签名"，打开"驱动程序签名选项"对话框。

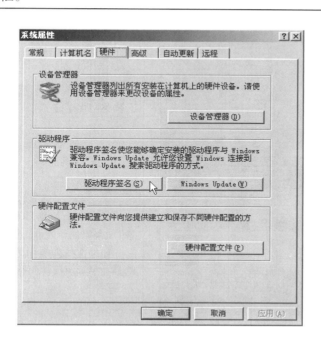	在"硬件"选项卡中，还可以打开"设备管理器"和"硬件配置文件"的管理对话框。
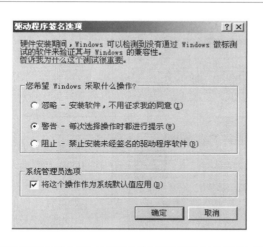	"忽略"：总是安装驱动程序，没有任何提示，风险高。 "警告"：在遇到未签名的驱动程序时，给出警告提醒，你可以决定是否安装，风险由你自己掌握。 "阻止"：只安装经微软签名的驱动程序，系统的稳定性和兼容性有保障。

（2）安装硬件驱动程序

Windows Server 2003 提供了"添加硬件向导"来完成硬件的添加，在控制面板中双击"添加硬件"即可启动向导程序。

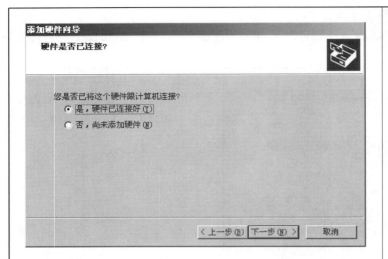

如果硬件配有驱动程序光盘,可以直接运行光盘中的安装程序来完成硬件驱动程序的安装。

系统会自动扫描硬件并让你确认硬件是否已连接到系统中。

没有连接的硬件是不能安装驱动程序的。

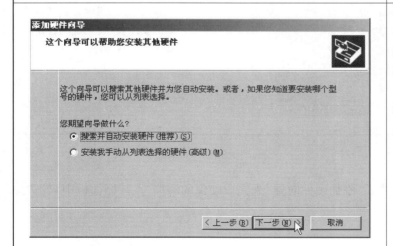

选择"添加新的硬件设备"项来添加新硬件。

如果选择列表中的硬件,则是为了解决硬件问题。

选择"搜索并自动安装硬件"时,系统将自动连接到微软的网站上搜索、下载并安装驱动程序。

如果有硬件的驱动程序,选择"安装我手动从列表选择的硬件"项。

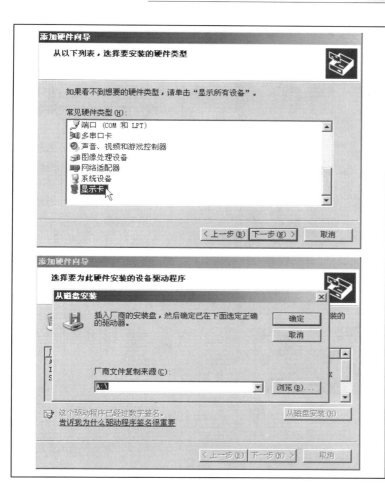

选择硬件的类型。

　　单击"从磁盘安装"，然后单击"浏览"按钮找到存放驱动程序的文件夹，再单击"确定"按钮，向导将为你安装选择的驱动程序。

 友情提示

- 一般情况下，安装驱动程序后要重新启动计算机后，新安装的硬件才能正常工作。
- 当前硬件几乎都是即插即用型的硬件，插接到计算机后都能被系统检测并自动识别，因此添加硬件向导在系统启动时会自动启动，你只需要为系统指明驱动程序的存储位置即可。只有不能被系统识别的硬件才需要手动启动"添加硬件向导"。
- 在安装未经签名的驱动程序时，一定要弄清该驱动是否与系统兼容。
- Windows Server 2003 系统光盘带有主流硬件的驱动程序且是经过签名的，可放心使用。

（3）查看和更新驱动程序

　　驱动程序对硬件性能有直接影响，升级驱动程序可以提高硬件的整体性能。在"设备管理器"中打开要管理硬件的"属性"对话框。

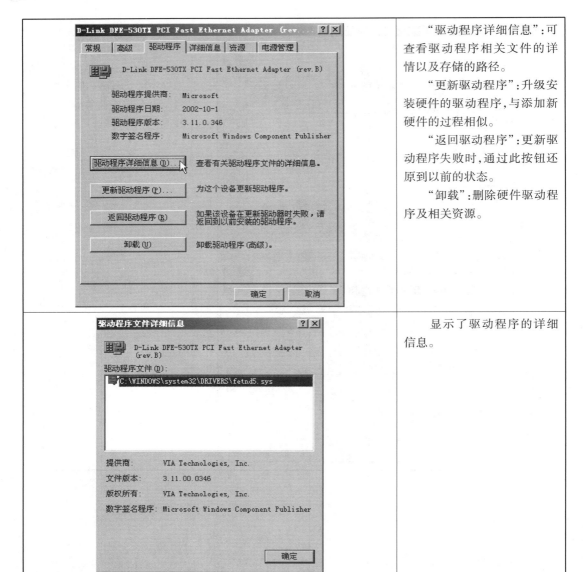

"驱动程序详细信息":可查看驱动程序相关文件的详情以及存储的路径。

"更新驱动程序":升级安装硬件的驱动程序,与添加新硬件的过程相似。

"返回驱动程序":更新驱动程序失败时,通过此按钮还原到以前的状态。

"卸载":删除硬件驱动程序及相关资源。

显示了驱动程序的详细信息。

4.使用硬件配置文件

硬件配置文件存储了系统硬件的配置数据。计算机启动时通过读取硬件配置文件来确定应该启动哪些硬件,以及使用哪些设置来调整硬件的工作状态。安装 Windows 时,系统会自动创建一个名为"Profile 1"的硬件配置文件,在缺省设置下,该硬件配置文件中启用了所有安装这台计算机上的设备。在"设备管理器"中进行的修改将保存到当前硬件配置文件中。

右击"我的电脑",单击"属性"→"硬件"→"硬件配置文件",打开"硬件配置文件"对话框。

单击"复制"按钮,输入文件名,则可把当前硬件配置文件进行备份。

单击列表右侧的上、下箭头按钮,可调整一个配置文件到列表的头部,使其成为系统启动时的首先配置文件。

当有多个硬件配置文件时,计算机启动时会显示一个菜单让你选择要使用的配置文件。默认等待时间为 30 s,可以修改。

【做一做】

复制创建两个硬件配置文件,文件名分别为"nonetwork"和"nosound",前面一个禁用网卡,后一个禁用声卡,并把硬件配置文件选择菜单显示等待时间设置为 10 s。

二、设置系统高级属性

通过系统高级属性设置有利于提高系统性能,这包括处理器计划、内存使用、虚拟内存、环境变量设置以及错误报告等。

友情提示

- 用户必须是本地计算机 Administrators 组的成员,或者如果加入到域,是 Domain Admins 组的成员才有资格进行高级属性设置。
- 系统高级属性设置后要重启系统设置才能生效。

1. 设置性能参数

右击"我的电脑",单击"属性"→"高级"→"设置",打开"性能选项"对话框,然后在不同的选项卡中完成需要的设置。

23

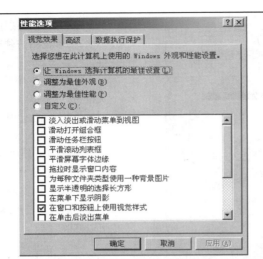

启用视觉效果会消耗一定的系统资源，对服务器而言最好取消所有的视觉效果。

建议选择"调整为最佳性能"项。

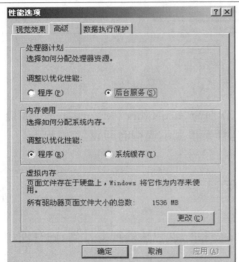

处理器计划是选择处理器资源如何分配给前台和后台程序。选择"后台服务"时，将给后台服务程序分配长而固定的 CPU 时间片，有利于提高服务性能。

内存使用决定了内存分配策略。如果此计算机作为工作站使用，可选择"程序"，以提高程序的运行速度。当此计算机是一台服务器时，应该选择"系统缓存"来提高服务器的响应特性。

单击"更改"按钮，打开"虚拟内存"对话框。默认虚拟内存页面文件创建在系统盘上。

可选择"系统管理大小"或"自定义大小"，然后提供初始大小值和最大值。

选中"无分页文件"项，将删除该分区上的虚拟内存页面文件。

选择硬盘分区，然后单击"设置"按钮，可以创建虚拟内存页面文件。

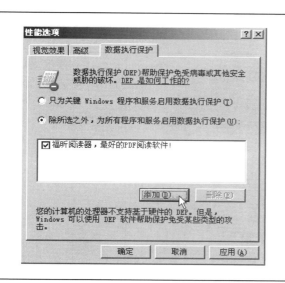

数据执行保护是系统提供的对可执行程序和服务免受病毒威胁的安全措施。

可以添加不用保护的程序。

 【知识窗】

内存的分配与管理对服务器的性能影响很明显,Windows Server 2003 由虚拟内存管理器来管理内存资源。虚拟内存管理器创建虚拟内存页面文件和物理内存一起构成系统的虚拟内存空间,虚拟内存页面文件是在硬盘分区上的一个特殊文件,它存放那些在程序运行时要求出现在内存中但当前暂时不用的数据,正确设置虚拟内存页面文件能够改善系统性能。

 友情提示

- 为获得最佳性能,不要将初始大小设成低于"所有驱动器页面文件大小的总数"下的推荐大小值,推荐大小等于系统 RAM 大小的 1.5 倍。
- 要删除页面文件,可将初始大小和最大值都设为零,或者单击"无页面文件"。建议不要禁用或删除页面文件。
- "数据执行保护"功能不能替代专业的防病毒软件。

2. 配置环境变量

环境变量是系统或应用程序运行所需要的数据,分为系统环境变量和用户环境变量两种。系统环境变量主要定义操作系统运行中使用的信息,变量名和值都由系统预先定义,对所有登录用户都是相同的。用户环境变量由用户自行定义,用于设置应用程序所需要的数据,不同的用户登录所看到的用户环境变量各不相同。

右击"我的电脑",单击"属性"→"高级"→"环境变量",打开"环境变量"对话框,可以查看、编辑、新建或删除环境变量。

	上列表框显示了当前用户的环境变量设置。 下列表框显示的是系统环境变量设置。
	新建环境变量要求输入变量名和变量值。 编辑环境变量主要是修改变量的值,当然变量名也是可以修改的。

友情提示

- 变量名和变量值中的字母不区分大小写,但习惯上变量名中的字母都大写。
- 在命令行界面,输入 Set 命令可以显示所有环境变量的变量名和设置值。
- 使用 Echo%变量%可显示指定变量名的值;Set 变量名,也能实现相同的功能。如 Echo%Systemroot%或 Set systemroot 都是显示指定变量的值。

三、创建使用任务计划

　　任务计划是 Windows Server 2003 的一种管理工具,用于安排在特定时间要执行的任务。通过任务计划,你可以指定任何命令、程序在某个特定的时间运行。你可以把经常运行的程序添加到任务计划中,以便减少重复劳动,提高工作效率。

　　在"控制面板"中双击"任务计划",即可启动"任务计划向导"对话框。

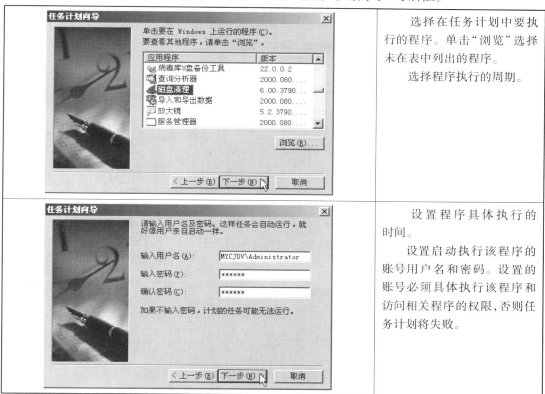

	选择在任务计划中要执行的程序。单击"浏览"选择未在表中列出的程序。 　　选择程序执行的周期。
	设置程序具体执行的时间。 　　设置启动执行该程序的账号用户名和密码。设置的账号必须具体执行该程序和访问相关程序的权限,否则任务计划将失败。

【做一做】

　　如果你是一个企业的网络中心管理员,每天下午 6:30 时要备份数据,然后关闭计算机,而单位同事 5:00 下班,现在你有办法和他们一起下班吗? 谈谈你的做法。(备份和关机的命令分别是 Ntbackup 和 Shutdown,具体使用可参考 Windows 随机帮助文档)

四、管理系统服务

　　Windows Server 2003 提供了网络连接、错误检测、安全性等系统服务其主要目标是启动必要的服务而关闭不用的服务,以释放系统资源来提高服务器性能。

单击"开始"→"管理工具"→"服务",启动"服务"管理器。

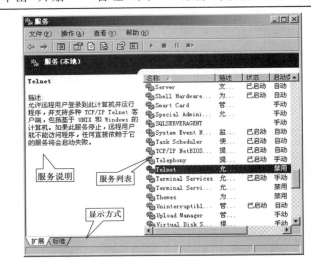

列出了系统中所有的服务、每个服务的基本状态和说明信息。

选择服务的启动类型:自动、手动、禁用。

需要时为服务程序运行时指定需要的启动参数。

可以手工启动、停止、暂停和恢复服务来改变服务的状态。

设置服务运行时的账号身份,并选择需要的硬件配置文件。

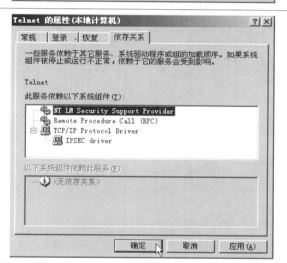

设置服务运行失败后的处理方式：不操作、重新启动服务、运行一个程序、重新启动计算机。

一个服务的正常运行需要其他服务正常运行为前提，这就是服务的依存关系。

在关闭一个服务时，应查看是否有别的服务依赖于这个服务。

任务三　配置 Windows Server 2003 网络连接

配置网络连接就是使计算机连入网络中，Windows Server 2003 的网络组件包括协议、服务、客户端以及网卡设备等。本任务要求你：

①为网络连接安装协议、服务和客户端；

②配置协议参数：IP 地址，子网掩码，网关和 DNS 地址。

在"控制面板"中双击"网络连接"，在打开的窗口中右击要配置的网络连接，打开相应的"属性"对话框。

29

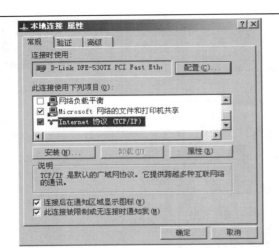

单击"安装"按钮可以添加需要的网络组件。

双击"Internet 协议（TCP/IP）"，打开其"属性"对话框。

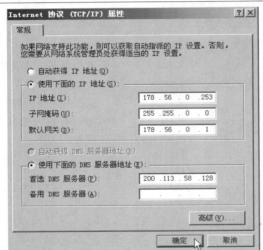

设置 IP 地址，子网掩码，网关和 DNS 地址。

单击"高级"按钮可设置额外的选项。

在图中可以为计算机配置多个 IP 地址和网关地址。

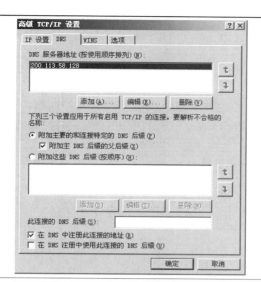

配置额外的 DNS 地址的相关选项。

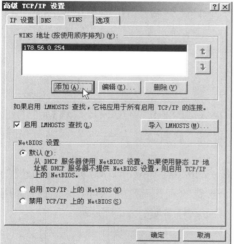

配置 WINS 服务地址和相关选项。

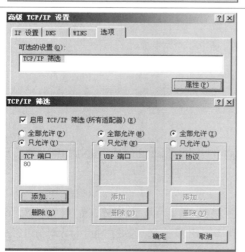

配置 TCP/IP 筛选项，单击"属性"按钮后可以通过指定 TCP、UDP 端口号或协议类型来限制连接到本服务器的网络流量类型。

31

友情提示

- 计算机既可以手动设置,也可以自动获得 IP 地址连接参数。如果网络中存在可用的 DHCP 服务器,可以选择"自动获得 IP 地址"。对于服务器,应该手动配置 IP 连接参数。
- 网关是连接外网的路由器端口,如果计算机仅在本网通信就不用配置网关地址。
- 如果计算机需要在多个网络中工作,你可以在"Internet 协议属性"对话框的"备用配置"选项卡中设置另一组连接参数。

【做一做】

(1)为计算机手动配置 IP 连接参数,并配置第两个 IP 地址,使用命令 ping 测试你的配置。

(2)配置 TCP/IP 筛选项,只允许 FTP 连接。

任务四 配置管理 Windows Server 2003 的磁盘

磁盘是服务器最重要的联机存储设备,Windows Server 2003 提供了先进的磁盘管理技术来管理磁盘、磁盘分区和各种卷,以提高磁盘的利用率、可靠性、安全性、可用性和可伸缩性。磁盘管理是系统管理中的关键任务之一,本任务要求你:

①区分基本磁盘和动态磁盘;

②管理基本磁盘分区;

③升级基本磁盘到动态磁盘;

④管理动态磁盘并实现磁盘容错;

⑤远程管理磁盘。

一、基本磁盘与动态磁盘

在 Windows Server 2003 中,从磁盘管理的角度把磁盘分成基本磁盘和动态磁盘。

1.基本磁盘

采用传统分区方式对磁盘进行管理的磁盘就是基本磁盘。DOS,Windows 9X,Windows XP等操作系统下管理的磁盘属于基本磁盘。基本磁盘上可以划分主分区和扩展分区,一个基本磁盘最多可以分成 4 个分区。基本磁盘的分区如下图所示。Windows 2003

Server 默认也是采用基本磁盘管理方式。

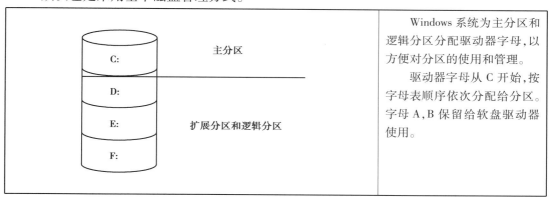

Windows 系统为主分区和逻辑分区分配驱动器字母，以方便对分区的使用和管理。

驱动器字母从 C 开始，按字母表顺序依次分配给分区。字母 A，B 保留给软盘驱动器使用。

友情提示

- 基本磁盘受分区表限制，最多只能建立 4 个分区。要实现多于 4 个存储区域的磁盘管理，你可以建立一个扩展分区，然后划分多个逻辑分区。
- 驱动器字母可以分配给主分区和逻辑分区，不能给扩展分区指定驱动器字母。
- 基本磁盘依赖分区表，当分区表受损，则分区中的数据不可恢复，因此基本磁盘不能实现数据的容错性和可靠性要求。

【知识窗】

MBR 与 GPT 硬盘分区架构

基于 MBR(Master Boot Recorder)（主引导记录）分区的硬盘就是基本磁盘，MBR 支持最大分区容量为 2 TB，且每个磁盘最多有 4 个主分区，不能满足磁盘空间的激增和对分区个数增加的需求。

GPT(Globally unique identifier Partition Table) GUID 分区表是一种基于安腾(Itanium)计算机使用的磁盘分区架构，允许每个磁盘最多可有 128 个分区，每个分区容量可达 18 EB。GPT 把整个硬盘的第 0 号扇区设置为 MBR 的传统格式，保证了对 MBR 分区的兼容。从第 1 号扇区开始才是 GPT 分区表，2 ~ 33 扇区作为保留用于描述 GPT 分区的表项，从第 34 号扇区开始才是作为起始分区。

使用 GPT 分区需要操作系统的支持。在基于 X86 或 X64 的计算机上运行 Windows Server 2003 SP1，操作系统必须驻留在 MBR 磁盘上，其他的硬盘可以是 MBR 或 GPT。在基于 Itanium 的计算机上，操作系统加载程序和启动分区必须驻留在 GPT 磁盘上，其他的硬盘可以是 MBR 或 GPT。

2. 动态磁盘

微软从 Windows 2000 开始支持动态磁盘管理方式,在 Windows Server 2003 得到了进一步的完善。在动态磁盘上,存储空间被划分成卷(Volume),而不是磁盘分区。

(1)卷与分区的区别

	卷(Volume)	分区(Partition)
更改容量	灵活更改容量大小,不会丢失数据,且不用重新启动计算机	分区一旦创建,就无法更改容量大小,除非借助于特殊的磁盘工具
空间限制	可扩展到磁盘中不连续的磁盘空间,还可以跨磁盘建立卷	必须是同一磁盘上的连续的空间,磁盘的容量就是分区的最大容量
数目限制	在磁盘上创建卷的个数没有限制	一个磁盘上最多只能分 4 个区
配置信息	存储在磁盘数据区,并可复制到其他动态磁盘上	磁盘分区表中

(2)动态磁盘卷的类型

类　型	说　明	图　示
简单卷 Simple Volume	可以是单一磁盘上的空间,与分区功能相似,但也可以扩展到同一磁盘上非连续空间	
跨区卷 Spanned Volume	将来自多个磁盘的未分配空间合并到一个逻辑卷中,相当于多个简单卷合并成的容量更大的卷	
镜像卷 Mirrored Volume	由两块硬盘上相同大小的磁盘空间组成,数据在两块磁盘上各存一份,单一磁盘故障不影响磁盘中的数据,提供了容错功能	
带区卷 Striped Volume	卷空间由两个以上(最多可达 32 个)磁盘的空闲空间组成,与跨区卷相似,但要求每磁盘提供的空闲空间大小必须相同。数据被分割成 64 kB 的块均匀分布存储在卷的磁盘中,数据读写效率高	
RAID-5 卷 RAID Volume	提供了容错功能的带区卷,卷空间至少由三个硬盘的空间组成。对于卷中的每个磁盘添加了奇偶校验信息,当其中某个硬盘失效时,系统可以利用这些奇偶校验信息重新构造数据	

友情提示

- 一个硬盘可以是基本的,也可以是动态的,但是它不能是基本的同时又是动态的。
- 如果一个系统中有多个硬盘,可以分别把它们配置成基本的或动态的。
- 在动态磁盘上创建卷的数目没有限制。动态磁盘的配置信息存储在磁盘上,还可复制到其他动态磁盘上,单个硬盘的失效不影响访问其他磁盘上的数据。

 ## 二、管理基本磁盘

基本磁盘管理的基本任务包括磁盘初始化、创建分区、删除分区、格式磁盘、修改驱动器字母以及转换成动态磁盘等,可在"计算机管理"窗口中的"磁盘管理"来进行有关的磁盘管理工作。

1. 磁盘初始化

在系统系统中新添加了两块硬盘,必须经初始化后才能对它们进行管理。当磁盘管理器检测到新硬盘加入系统时,磁盘管理将自动启动"磁盘初始化和转换向导"。如果没有自动启动,可右击"我的电脑"→"管理"→"磁盘管理"来启动磁盘管理器。

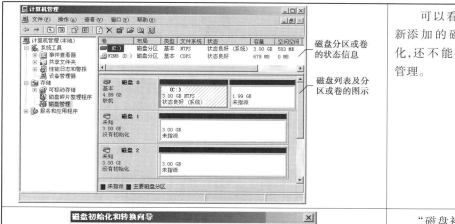

可以看到磁盘 1、2 是新添加的磁盘,没有初始化,还不能被磁盘管理器管理。

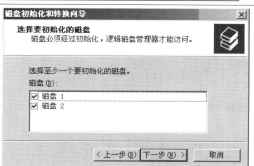

"磁盘初始化和转换向导"可以执行初始化和空的基本磁盘转换成动态磁盘的操作。

选择要初始化的磁盘。这里把两个新添加的磁盘都选上。

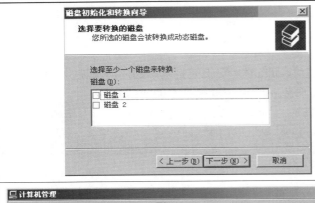

选择要转换成动态磁盘的磁盘。此时不进行动态磁盘转换。

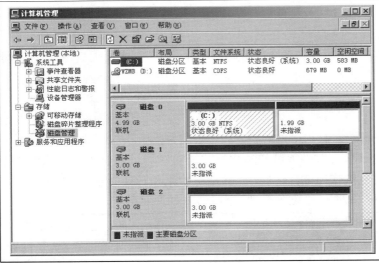

完成初始化后的结果，磁盘1、2已经处于联机状态,可用磁盘管理器对它们进行各种管理了。

2. 基本磁盘分区的创建与删除

在磁盘图示的空闲区域右击,选择"新建磁盘分区"。

如果是在扩展分区上右击,显示的是"新建逻辑驱动器"。

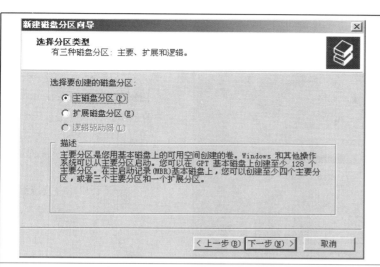

选择分区类型：主磁盘分区、扩展磁盘分区、逻辑驱动器。

在扩展分区上创建逻辑分区时，"逻辑驱动器"一项才可用。

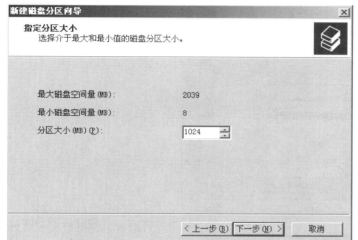

指定分区容量大小，单位是 MB。

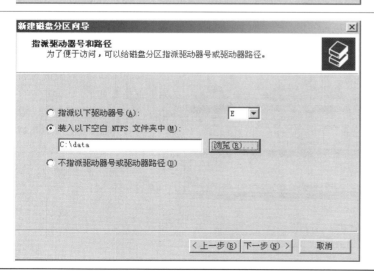

选择挂载方式：分配独立驱动器字母、挂载到空白 NTFS 文件夹、不指定。

如果不指定盘符或挂载的文件夹，则不能通过资源管理器访问该分区上的数据。

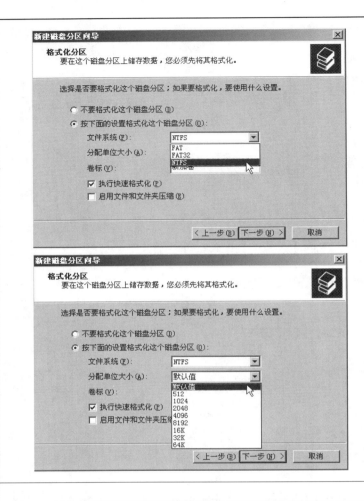

选择格式化参数：

①文件系统有 FAT，FAT32 和 NTFS。

②分配单元有 512，1024，4096，8192，16 K，32 K，64 K。

③命名卷标。

④格式化方式有正常和快速。

⑤是否启用磁盘压缩。

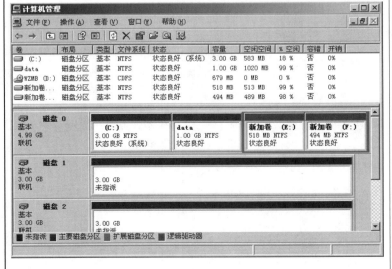

各种分区创建方法和过程是相似的。Data 是挂在 C:\Data 文件夹下的一个主分区；新加卷 E: 和 F: 是在扩展分区上创建的两个逻辑驱动器，分配的盘符分别是 E 和 F。

在"资源管理器"中打开 C:\Data 文件夹就可以访问这个分区中的数据。

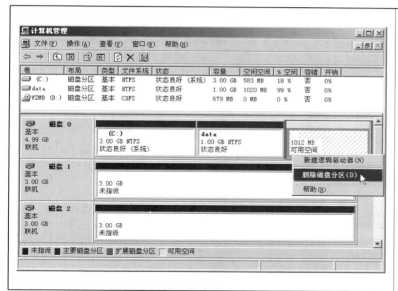

删除分区：

　　右击要删除的分区，然后选择"删除磁盘分区"。

　　如果要删除扩展分区，则要先删除逻辑驱动器。

 友情提示

- 在选择格式化参数时，文件系统建议用 NTFS。如无特殊要求，分配单元大小保持系统默认值。系统默认的格式化方式为完整格式化，如果磁盘介质没有什么问题，可以选择快速格式化。
- 最好为每个分区命名一个恰当的卷标。
- 删除分区的操作或对分区进行格式化操作都会删除分区上的数据，操作之前要进行必要的备份。

3. 修改分区的驱动器盘符

　　驱动器盘符是系统分配给磁盘分区的字母，在"资源管理器"中每个分区可以当成一个独立的磁盘驱动器来使用。

　　下面图示把一个逻辑分区的字母 E 修改为 P。

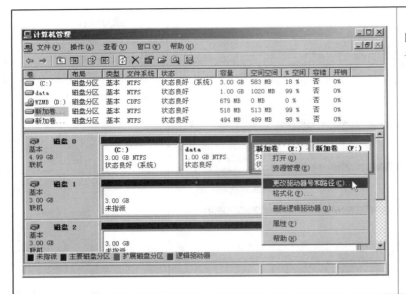

右击要修改盘符的分区,然后选择"更改驱动器号和路径"。

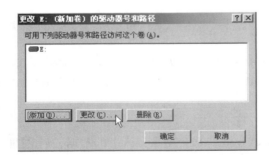

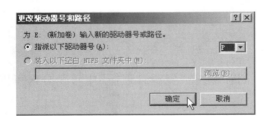

添加:为分区分配驱动器字母或指定挂载的空白NTFS文件。

更改:修改分区的驱动器字母或挂载的空白NTFS文件夹。

删除:取消分区的驱动器字母或挂载的空白NTFS文件。

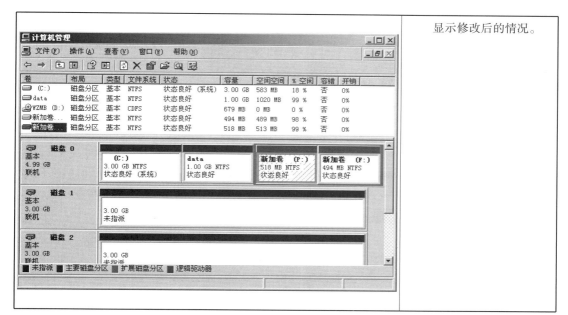

显示修改后的情况。

 友情提示

● 可以用的驱动器字母最多24个,从 C ~ Z, A 和 B 留给软盘驱动器使用。在创建新分区时,系统默认为该分区依次指定一个未使用的驱动器字母。

● 通过把分区挂载到空文件夹中,可以不受驱动器字母只有26个的限制。

4. 把基本磁盘转换成动态磁盘

在计算机上安装 Windows Server 2003 操作系统时,磁盘是作为基本磁盘使用的。如果要使用动态磁盘的新特性,则需要把基本磁盘转换成动态磁盘。把基本磁盘转换成动态磁盘不会丢失数据,但要成功执行转换,基本磁盘上至少有 1 MB 未分配的空间。动态磁盘也可以转回成基本磁盘,但将丢失被转换磁盘上所有的数据,相当于是重新建立一个基本磁盘。

在磁盘管理器中右击磁盘列表上任一磁盘,选择"转换到动态磁盘",具体操作参见下表中的图示。

网络操作系统与管理

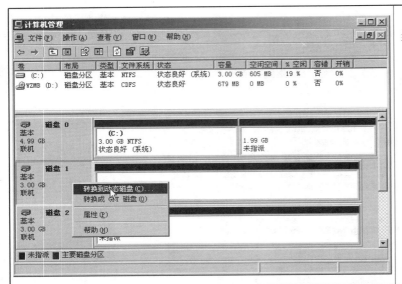

如图所示启动基本磁盘到动态磁盘的转换向导。

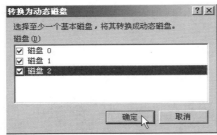

选择要转换的磁盘,查看选择结果。

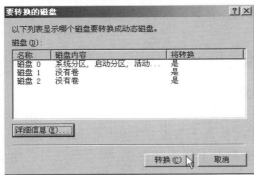

Windows 2000 以前的操作系统不支持动态磁盘。如果磁盘上有这些操作系统将不能再启动。

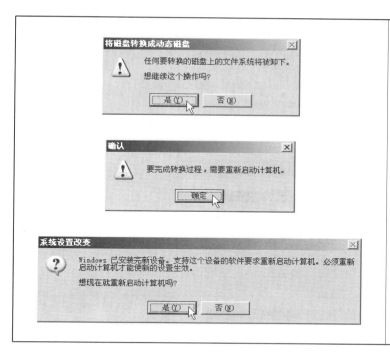

执行磁盘转换前要卸载其上的文件系统并重新启动计算机。

完成转换后要求再次启动计算机。

友情提示

- 在进行磁盘类型转换之前一定要备份重要数据。
- 被转换的磁盘包含引导分区或系统分区,或包含虚拟内存页面文件,必须重新启动计算机才能完成转换过程。
- 移动磁盘不能转换成动态磁盘。

三、在动态磁盘上创建卷

1. 创建简单卷

当把基本磁盘转换成动态磁后,原来的分区自动升级为简单卷,简单卷的容量来自单个磁盘,但可以扩展到同一磁盘上的非连续空间。

在动态磁盘的空闲图示区域上单击右键,然后选择"新建卷",按向导指示操作,创建简单卷。

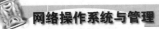
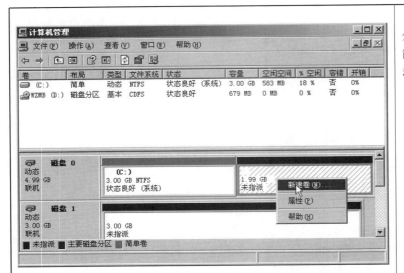

可以看到原来的系统分区 C,现在的状态显示为简单卷,其磁盘类型为动态。

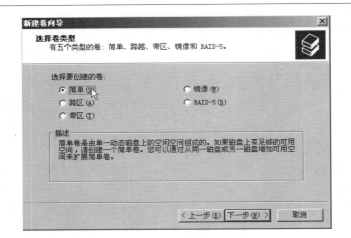

选择要创建卷的类型。选择"简单",创建简单卷。

选择卷所在的磁盘。由于简单卷的容量限制在一个磁盘上,所以"已选的"磁盘列表中只能选择一个磁盘。

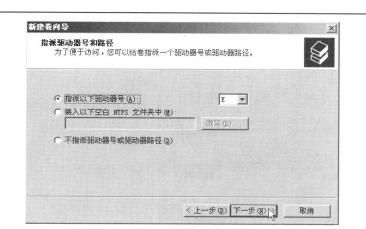	动态磁盘的卷可以像基本磁盘的分区一样分配驱动器字母或指定挂载的空白文件夹。
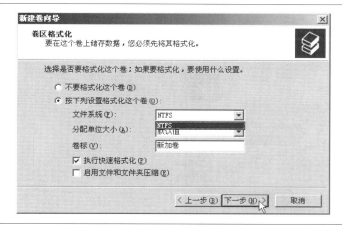	在这里卷只能以 NTFS 文件系统格式化，其他格式化参数与分区格式化相同。
	显示新建卷的设置信息，单击"完成"按钮创建卷。

2. 扩展简单卷

扩展卷的作用是把磁盘中未分配的空间包括到卷中。

在"磁盘管理"窗口中，右击要扩展的卷，按向导指示操作，完成简单卷的扩展。

45

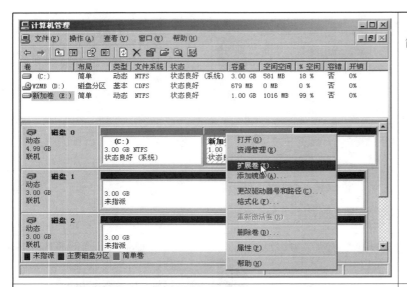

列表中的 E 是新建的简单卷。

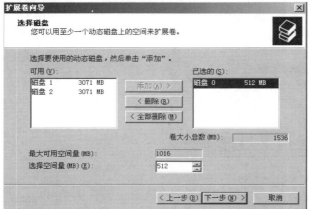

选择磁盘并扩展卷的容量。

图中为扩展前的情况。

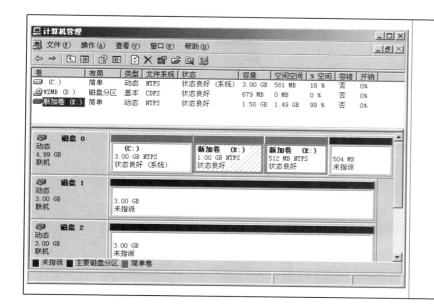

图中扩展后的情况。

【做一做】

(1) 创建两个简单卷,然后扩展第一个卷包含第二个卷后的空闲磁盘空间。

(2) 把第二个简单卷的容量扩展到另外的磁盘上。你认为能这样扩展卷的容量吗?

友情提示

- 只有在动态磁盘上创建的简单卷才可以扩展,从基本磁盘分区升级来的简单卷,以及任何包含启动文件、系统文件和虚拟内存页面文件的卷不能扩展。
- 如果把简单卷的容量扩展到不同的磁盘空间上,该简单卷将自动变成跨区卷。
- 在磁盘管理中只能使用 NTFS 格式化卷。使用 Format 命令才能将卷格式化为 FAT 或 FAT32 格式。

3. 创建跨区卷

跨区卷可以看成是容量来自多个磁盘空间的简单卷,建立跨区卷的目的仅仅是用一个卷来管理更大的存储容量。

下面示意利用磁盘 0 和磁盘 1 的空间来创建一个容量为 3 GB 左右的跨区卷。

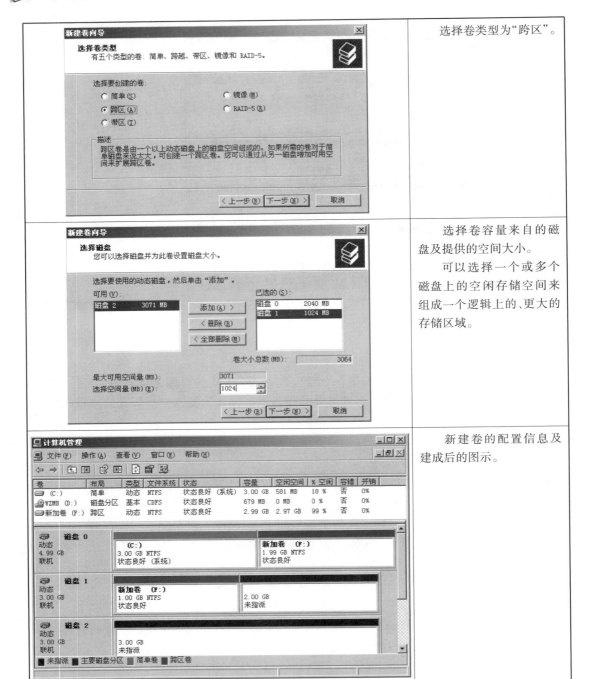

选择卷类型为"跨区"。

选择卷容量来自的磁盘及提供的空间大小。

可以选择一个或多个磁盘上的空闲存储空间来组成一个逻辑上的、更大的存储区域。

新建卷的配置信息及建成后的图示。

48

4. 创建镜像卷

镜像卷采用的就是 RAID1 磁盘阵列技术,提升了数据存储的可靠性。下表示例在磁盘 1 和磁盘 2 上创建一个镜像卷。

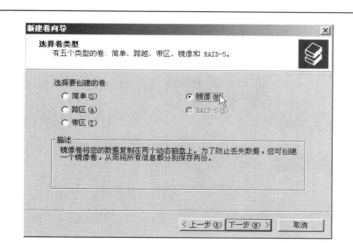

选择卷类型为"镜像"。

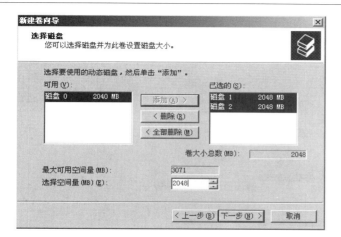

选择两个磁盘并指定卷空间大小。

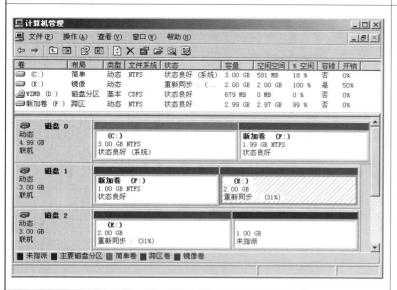

新建的镜像卷 E（正在执行格式化）。

向镜像卷中写入数据时会一式两份同时写入两个磁盘中，其中一个磁盘失效后不会丢失数据。图示正在进行同步操作。

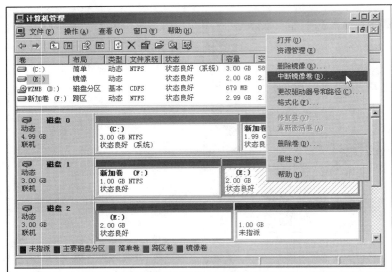

中断镜像卷使镜像卷失去镜像功能。镜像卷将分离成两个独立的简单卷。

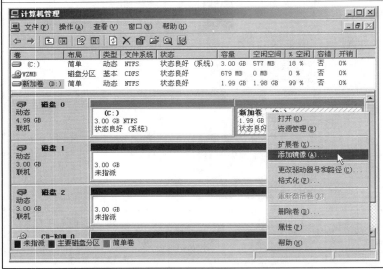

右击一个简单卷的图示,选择"添加镜像",然后选择镜像的磁盘,可以为该简单卷快速创建镜像。

【做一做】

(1)在两块磁盘上创建一个镜像卷,在指定磁盘空间到卷时有何特点?

(2)向镜像卷写入数据,然后把其中一块硬拔下,镜像卷中的数据还能正常读取吗?

5. 创建带区卷 RAID-5 卷

带区卷采用的是 RAID-0 阵列技术,显著提高了磁盘的读写性能。RAID-5 卷是带奇偶校验信息的带区卷,在存储数据时也把数据的校验信息交叉存储在不同磁盘的带区中,提高了数据存储的容错能力。

下表展示了创建 RAID-5 卷的操作过程,带区卷的创建过程与之完全相同。

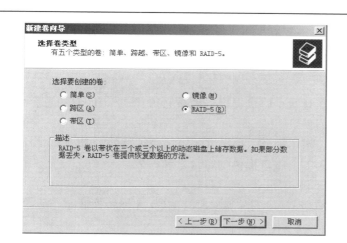

选择"RAID-5"卷类型，如果是创建带区卷则选择"带区"。

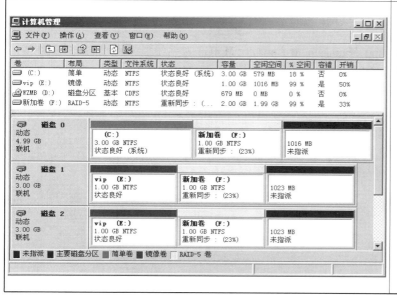

选择卷包括的磁盘和容量。

注意每个磁盘加入到卷中的空间大小特点。

F：是新建的 RAID-5 卷。

观察分析 RAID-5 卷容量和三个磁盘提供的空间大小的关系。

友情提示

- 带区卷需要两个及以上的磁盘且每个磁盘提供的容量必须相同,带区卷的总容量为所包括磁盘提供的容量之和。
- RAID-5 卷至少需要 3 个硬盘,同样每个磁盘提供的容量必须相同,如果有 n 个磁盘参与 RAID-5 卷,其总容量是 n-1 个磁盘提供的容量之和。
- 带区卷、镜像卷和 RAID-5 卷不可扩展。
- 动态磁盘转换成基本磁盘之前,要删除该磁盘上所有的卷,才能转换成基本磁盘。

规范严谨的磁盘管理是安全、可靠地实施数据存储的保障。当存储容量不足或磁盘出现故障时,还需要向计算机系统添加或更换磁盘,或许要把磁盘从一台计算机移到另一个计算机上使用。在支持热交换技术(Hot Swapping)的计算机上,可以不关机而直接拔插更换磁盘,然后执行磁盘管理"操作"菜单中的"重新扫描磁盘",让系统发现和注册磁盘;否则就需要关机后更换或添加新磁盘,重启系统后一般会自动发现新磁盘。如果添加或更换磁盘的磁盘状态标志为"外来磁盘",只需右击该磁盘图示,然后单击"导入外来磁盘"即可导入到系统中。

为了数据存储安全和保持存储性能,我们还要经常备份磁盘中的重要数据,对磁盘进行例行检查和碎片整理等相关操作。

任务五　使用微软管理控制台

微软管理控制台(Microsoft Management Console,MMC)为系统管理员提供了管理 Windows Server 2003 的接口,它可以集成系统的管理工具。通过 MMC 可以定制满足管理责任需要的管理控制台,以确保特定的管理员执行其指定的管理工具,这有利明确管理责任,避免管理混乱。还可以建立任务面板让基层管理员或一般用户进行一些专项管理,以分担系统管理员的管理任务。本任务要求你:

①为管理目的定制 MMC 控制台;

②分发定制的 MMC 控制台;

③安装管理所需的插件;

④创建任务面板。

一、定制 MMC 控制台

单击"开始"→"运行",在打开的对话框中输入"mmc",即可启动 MMC 控制台。启动后出现的是空的 MMC 控制台,你需要添加管理插件后,才能执行管理任务。

1. 定义 MMC 控制台

定义自己的 MMC 控制台,请按下表图示操作。

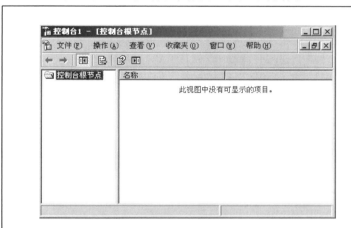	空的 MMC 控制台,不能执行管理任务。
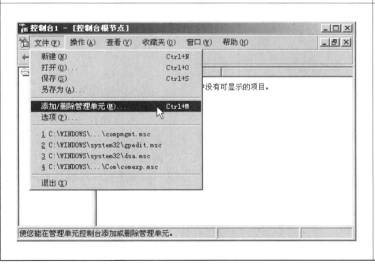	单击"文件"→"添加/删除管理单元",向控制台中添加管理插件。 管理插件也称管理单元,分为独立和扩展两种。独立插件可以直接添加到控制台根节点下,扩展插件不能单独添加,它总是依附于某个独立插件。

单击"添加"铵钮,选择管理需要的插件。

可以重复添加需要的多个插件,然后单击"关闭"按钮。

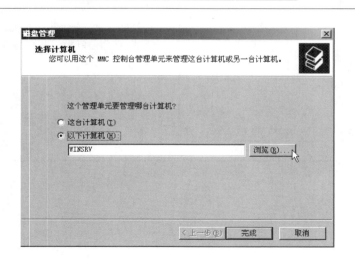

有的插件不仅可以管理本地计算机,还可以远程管理网络上的其他计算机。

若要管理其他计算机,单击"浏览"按钮来选择要管理的目标计算机。

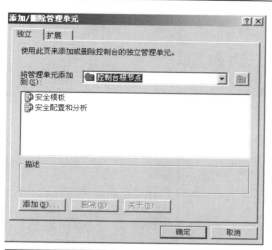

选择"扩展"选项卡,选择要使用的扩展插件。

如果添加的插件有扩展,系统默认添加所有插件。

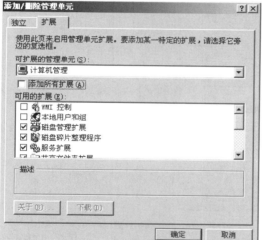

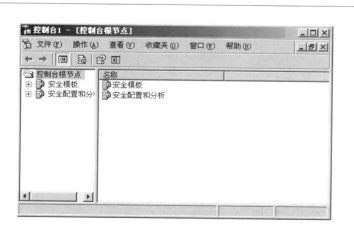

添加了插件的控制台。独立插件成为根节点下的子节点。

在该控制台中可以执行相应的管理任务了。

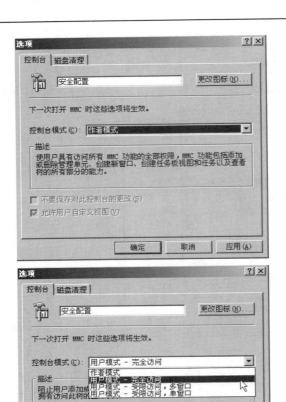

单击"文件"→"选项"，设置控制台的模式。

保存 MMC 控制台，默认保存在用户配置文件夹下的管理工具子文件夹中，扩展名为 msc。

建议不改变保存位置，在默认位置保存的 MMC 将出现在"管理工具"菜单中，以方便使用。

友情提示

- 设为"作者模式"的管理控制台允许在使用时改变控制台的设置。
- 设为"用户模式"的管理控制台限制在使用时改变控制台的设置,有如下 3 种用户模式:

①完全访问:允许用户访问控制台树中的所有节点。

②受限访问,多窗口:阻止用户访问控制台树中不可见区域,但可创建某一节点开始的窗口。

③受限访问,单窗口:阻止用户访问控制台树中不可见区域,不能创建节点的新窗口。

- 设为"用户模式"的控制台不能真正阻止用户对控制台的修改,因为可以右击控制台文件,然后选择以"作者模式打开"打开。
- 防止控制台文件被修改的方法除了把控制台设置为用户模式,在控制台选项中勾选"不要保存对此控制台的更改",清除"查看"→"自定义"视图对话框中 MMC 下的所有选项外,还有就是不能把控制台文件的 NTFS 写的权限授予给用户。

2. 使用 MMC 实现远程磁盘管理

使用"计算机管理"中的"磁盘管理"只能进行本地磁盘管理,要实现远程磁盘管理必须使用 MMC,它需要建立到网络中另一台计算机的磁盘管理连接,这样就可以在一个集中点上管理网络中所有计算机的磁盘。远程磁盘管理要求计算机必须在同一个域中或信任域中,并且登录账号必须是远程计算机上 Administrators 组或 Backup Operators 组的成员。

请参见下表图示实现远程磁盘管理。

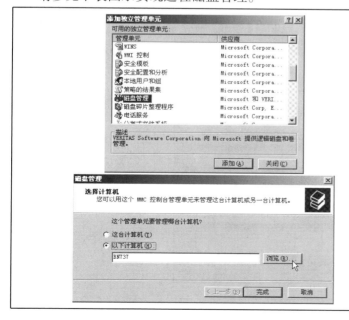	选择添加"磁盘管理"插件,然后单击"浏览"按钮,选择要管理的计算机。

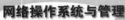

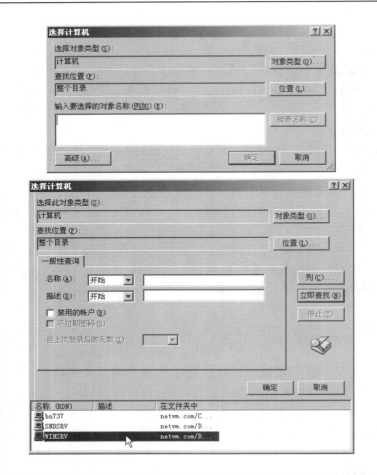

可以直接输入计算机名或单击"高级"按钮,然后单击"立即查找"按钮,在列表中选择要管理的计算机。

显示的是远程计算机上的磁盘信息,可以像本地计算机的磁盘那样进行管理。

58

二、发布定制的管理控制台

发布 MMC 管理控制台就是分发 msc 文件,通常把控制台文件放在网络服务器的共享文件件中,利用 NTFS 权限来阻止管理员修改控制台文件。

管理员成功使用分发的 MMC 控制台,必须满足:

➤ 拥有对 MMC 控制台文件的读取和运行的权限。

➤ 拥有对管理对象的访问权限。

➤ 在管理员使用的 MMC 控制台的计算机上有所需要的插件。

Windows Advanced Server 2003 的管理插件是一个标准的 Windows 安装包,文件名是 admin-pak. msi,存储在 Windows Advanced Server 2003 的安装光盘中或 Windows Advanced Server 2003 计算机的%Systemroot% \System32 文件夹中。双击该文件就可以按向导指示完成安装操作。

三、创建任务面板

任务面板是在"用户模式—受限访问,单窗口"基础上创建的简化的 MMC 控制台,是为不负主要管理责任的管理员和用户使用的管理工具。使用任务面板可以隐藏 MMC 的复杂性,使管理任务简单化。先要建立任务面板,然后在任务面板上添加任务。

下面以创建 IIS 中网站的部分管理功能的任务面板为例,请参见下表的图示和说明。

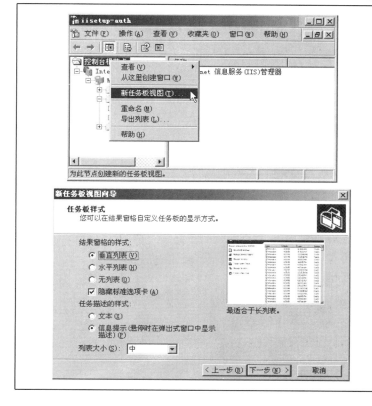

在控制台根节点上单击右键,选择"新任务板视图",启动"任务面板视图向导"。

选择任务面板样式,可根据自己的喜好选择。

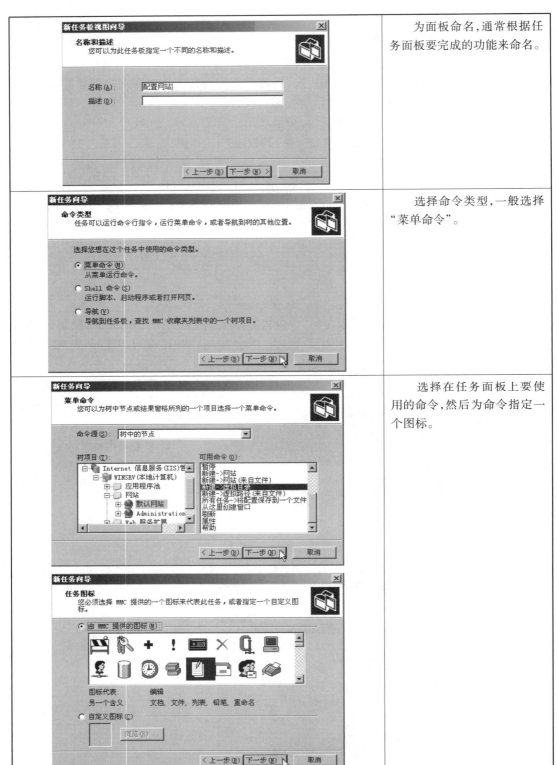

为面板命名,通常根据任务面板要完成的功能来命名。

选择命令类型,一般选择"菜单命令"。

选择在任务面板上要使用的命令,然后为命令指定一个图标。

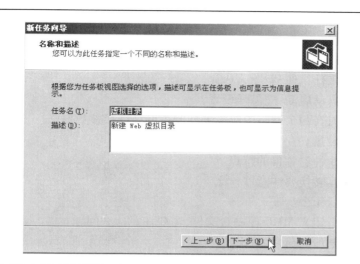

给任务命名,添加描述信息,然后勾选"单击'完成'时再次运行此向导",可添加其他的任务到面板上。

这是配置后的任务面板,使用它的管理员或用户只能使用指定的管理功能。

创建好的任务面板可以像一般的 MMC 控制台文件那样进行分发。

 【做一做】

(1)定制一个"用户模式-受限访问,单窗口"的 MMC,包含"磁盘碎片整理程序"和"事件查看器"两个插件,分发后不允许使用者作任何修改。

(2)创建一个任务面板,让你委托的管理员能创建本地用户。

学习评价

(1)要把一块硬盘划分成 4 个存储区域,请写出可能的划分方案。

(2)NTFS 文件系统与 FAT 文件系统相比有哪些优势?

(3)试比较升级安装和全新安装 Windows 2003 Advanced Server 的特点和适用情况。

(4)许可证模式有哪两种,应该如何选择才能降低信息化成本?

(5)网络连接需要哪些组件?

(6)微软对驱动程序的数字签名有什么意义?

（7）更新驱动程序失败后，怎样才能回复到原来的状态？

（8）硬件配置文件有什么作用？

（9）对于服务器的电源使用方案上有什么特别的要求？

（10）任务计划给管理工作带来什么便利？

（11）要让一个服务在开机时自动启动，应怎样设置？

（12）如果一台计算机可能同时在两个网络中应该怎样配置网络连接参数？

（13）试比较基本磁盘与动态磁盘。

（14）请描述动态磁盘支持的 5 种卷各自的特点。

（15）基本磁盘与动态磁盘相互转换要注意些什么？

（16）什么是 MMC，它的作用是什么？

（17）要能成功使用已发布的自定义 MMC 控制台文件，需要注意什么问题？

（18）任务面板是什么，对系统管理有什么意义？

Windows Server 2003 资源管理

模块概述

资源共享是计算机网络基本的功能之一,Windows Server 2003 所提供的资源有着易搭建、易使用、易管理的特点,在中小型企业网络中应用十分广泛。近段时间,"达康"公司有大量新业务的电子文档资料,为方便所有员工学习,"达康"公司计划在网络中使用一台装有 Windows Server 2003 系统的服务器,将所有电子资源共享在网络中,同时也要保证资源的安全访问,你将跟随系统工程师一起完成服务器的共享资源管理。在完成本模块后,你将能够:

◆学会管理 NTFS 文件系统中的数据

◆文件共享与访问

◆利用组访问共享资源

◆实现 Windows Server 2003 的安全性

◆备份和还原数据

任务一　管理 NTFS 文件系统中的数据

NTFS 是从 Windows NT 开始引入的文件系统,它可以为文件夹或文件授予指定的用户权限。NTFS 还支持数据压缩和磁盘限额,从而可以进一步高效率地使用硬盘空间。除此之外,NTFS 还可对文件系统进行透明加密,从而使文件数据更加安全。通过本任务的学习,你将会:

①管理 NTFS 权限及规则;
②应用 NTFS 分区的磁盘配额;
③使用 NTFS 分区的数据压缩功能;
④利用 EFS 保护文件安全、加密,利用恢复代理证书恢复加密文件。

一、考查 NTFS 文件系统的权限

在公司的存储系统中,为了保证资源访问的安全,系统管理员通常会将重要数据的操作权限指定给合法的用户。为此,NTFS 文件系统为我们提供了相应的解决方案,通过配置 NTFS 文件系统权限,系统管理员可以方便地根据用户属性来设置指定文件及文件夹的操作权限,有效限制未授权用户的非法操作。

1. 管理 NTFS 权限

在"资源管理器"中,右键单击要设置权限的文件或文件夹,在弹出的快捷菜单中选"属性"命令,弹出"属性"对话框,单击"安全"选项卡,在其对话框中可设置 NTFS 权限。

2. 为用户或用户组授予 NTFS 权限

为了保护 NTFS 磁盘分区中的文件和文件夹，又能让用户可以顺利访问所需要的资源，此时需要把文件和文件夹合适的 NTFS 权限授予给用户或用户组。管理员是所有资源拥有者，它能把相应的文件或文件夹权限授予用户或用户组。

在"组或用户名称"列表框中，选择指定的用户或组，在"权限"列表中，勾选出指定的权限。

图中所看到的权限显示为灰色，表示该用户继承了父项的权限。如果要修改该权限，可以使用权限的高级设置，阻止权限的继承。

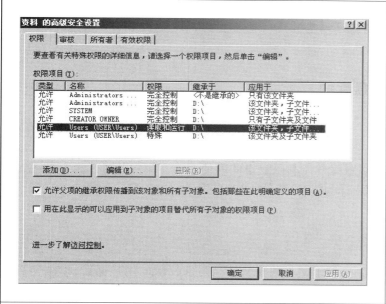

在权限的高级设置中，阻止权限继承传播。

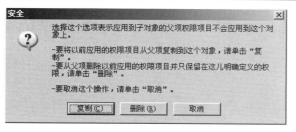

选择是复制还是删除父项所继续的权限。

【做一做】

(1)为了防止数据和应用程序文件被意外删除或破坏,针对应用程序文件夹应为用户或组授予何种权限?

(2)对于数据文件夹,要让用户能查看和修改其他用户建立的文件,应为用户或组授予何种权限?要让拥有者能查看、修改和删除他们自己建立的文件或文件夹,又应该怎样为他们授权?

友情提示

- 不要为 Everyone 组授予对根文件夹"完全控制"权限,否则给文件系统管理带来安全隐患。建议删除文件或文件夹对 Everyone 组的授权,把权限明确指定给应该拥有权限的用户或组。
- 应避免授予"拒绝"权限,你应该巧妙地设计组,合理地组织文件夹中的资源,使用各种"允许"权限来满足权限管理要求。
- 尽可能为组而不是为用户授权,这样可简化管理并能提高系统性能。为此你应该按照组成员对资源的访问方式来创建组。

二、启用 NTFS 分区磁盘配额

1. 认识磁盘配额

NTFS 分区的磁盘配额可以跟踪并控制磁盘空间的使用。当用户超过了指定的磁盘空间限制时,防止进一步使用磁盘空间并记录事件;或者当用户超过了指定的磁盘空间警告级别时记录事件。

2. 设置 NTFS 磁盘配额

Windows Server 2003 系统中,对于拥有共享文件夹写入权限的用户而言,默认情况下可以无限制地向共享文件夹中写入数据,这种任意性可能导致共享文件夹所在磁盘分区空间紧张。为了保证所有用户都能正常使用共享文件夹,"达康"网络公司针对每个用户设置了磁盘配额,设置用户的最大使用空间为 1 000 MB。以下是系统工程师的具体操作方法。

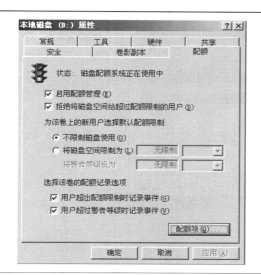

在"我的电脑"窗口中，右键单击共享文件夹所在的磁盘分区，在弹出的快捷菜单中选择"属性"命令，打开"属性"对话框。选择"配额"选项卡，勾选"启用配额管理"和"拒绝将磁盘空间给超过配额限制的用户"复选框。另外建议勾选"用户超出配额限制时记录事件"和"用户超过警告等级时记录事件"两个复选框，以便将配额告警记录到日志中。单击"配额项"按钮。

打开"本地磁盘的配额项"窗口，选择"配额"→"新建配额项"命令，在打开的"选择用户"对话框中查找并选中目标用户 xinxin，单击"确定"按钮。

在打开的"添加新配额项"对话框中，选中"将磁盘空间限制为"，设置空间大小为 1 000 MB，在"将警告等级设置为"框中设置空间大小为 900 MB，最后单击"确定"按钮。

67

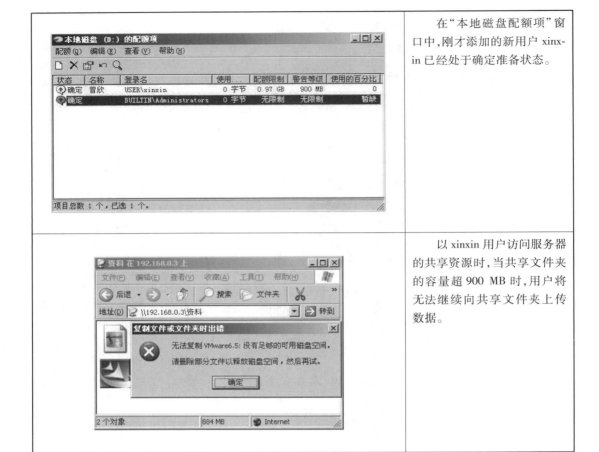

	在"本地磁盘配额项"窗口中,刚才添加的新用户 xinxin 已经处于确定准备状态。
	以 xinxin 用户访问服务器的共享资源时,当共享文件夹的容量超 900 MB 时,用户将无法继续向共享文件夹上传数据。

 三、NTFS 分区上的数据压缩

1. 认识 NTFS 数据压缩

　　数据压缩功能是 NTFS 文件系统的内置功能,其压缩过程和解压缩过程对于用户而言是完全透明的。用户只要将数据应用压缩功能即可,当用户或应用程序使用压缩过的数据时,操作系统会自动在后台对数据进行解压缩,无需用户干预。利用这项功能,可以节省一定的硬盘使用空间。

2. 设置 NTFS 数据压缩

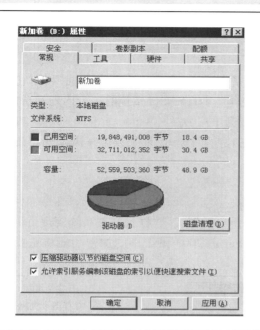	打开磁盘或卷的"属性"对话框,勾选"压缩驱动器以节约磁盘空间"复选框。
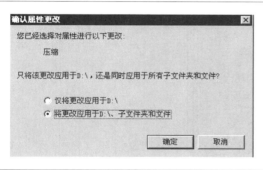	选择压缩属性需要应用到的文件或文件夹。如果需要全盘压缩,选择"将更改应用于盘符、子文件和文件"。

 友情提示

- 数据的压缩和解压缩过程是要消耗 CPU 运算资源的,是以牺牲 CPU 运算性能为代价而换取空间的(这也是任何一种压缩软件的共性)。如果硬盘空间不是十分吃紧,建议不要使用该功能。
- NTFS 的压缩功能对于一些已经是压缩过的文件(如 zip 文件、jpg 文件、MP3 文件等)来说不会进一步缩小该类文件所占用的硬盘空间。

 四、加密文件系统

1. 认识加密文件系统

在 Windows Server 2003 的 NTFS 文件系统中内置了 EFS 加密系统,利用它可以对保存在硬盘上的文件进行加密。EFS 加密系统作为 NTFS 文件系统的一个内置的功能,其加密和解密过程对应用程序和用户而言是完全透明的。另外,Windows Server 2003 内置了数据恢复功能,可以由管理员恢复被另一个用户加密的数据,保证了数据在需要使用的情况下始终可用。

2. 配置加密文件系统

"达康"公司的资源服务器中,有部分重要数据,该数据只允许系统管理员可以访问。为保证数据的安全,工程师使用了 Windows Server 2003 系统中的加密功能将重要数据进行加密。完成此功能的操作方法如下:

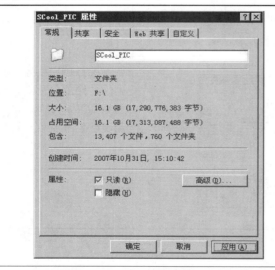	在"Windows 资源管理器"中右击要加密的文件或文件夹,在弹出的快捷菜单中选择"属性"命令,弹出"属性"对话框。
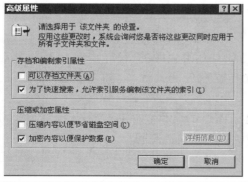	单击"高级"按钮,弹出"高级属性"对话框,勾选"加密内容以便保护数据"复选框,单击"确定"按钮。

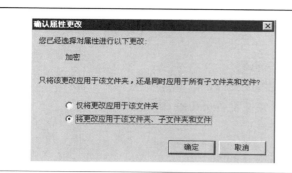	根据设置要求,选择该加密功能是应用在当前文件夹还是应用在该文件夹及以下的所有子文件夹和文件。 　　如果该文件夹有大量的数据,应用加密过程时,速度可能较慢。
	数据加密完成后,除加密用户以外的其他用户,不能打开加密文件。

 【知识窗】

　　EFS 加密系统只能在 Windows Server 2003 的 NTFS 分区上实现,其加密是利用文件加密密钥来实现的。加密时,把文件加密密钥存储在文件头标的 Data Decryption Field (DDF,数据解密域)和 Data Recovery Field(DRF,数据恢复域)中,与被加密的文件形成一个整体。当被加密的文件被移动到同一个磁盘分区的其他未加密文件夹中的时候,文件依然保持加密。通过将要加密的文件置于一个文件夹中,再对该文件夹加密,可以实现一次加密大量的数据,在这种情况下也仍然是对文件的加密,并且在其下的所有文件和子文件夹都会被加密。此功能在 Windows Server 2003 中是透明的,用户如果是加密者本人,系统会在用户访问这些文件和文件夹时将其自动解密,用户完全不用参与。

　　当一个用户对一个文件或文件夹加密时,EFS 会为用户产生一个公钥和私钥对。利用其中的私钥可以对文件解密。该私钥是对应唯一的用户,即该私钥只属于进行加密操作的用户,并和用户的公钥唯一对应,所以其他用户的私钥是无法解密数据的。即使其他用户改变了文件的权限或属性,或得到了文件的所有权,也仍然无法将数据解密,因此加密文件不能被共享使用。

3.恢复加密文件

　　EFS 对加密文件的解密是自动在后台完成的,只要你是该文件夹或文件的拥有者或是恢复代理,在读取时系统将对文件实施解密操作。

【做一做】

（1）加密后的文件夹或文件可以共享吗？

（2）把一个文件移动到加密文件夹后，该文件是否被加密？

（3）当加密文件的用户不可用时，该文件是否可以使用其他方法解密？

友情提示

> 用户并不是唯一能对文件进行解密的人，恢复代理同样可以对文件进行解密。恢复代理通过使用加密文件的公钥对应的私钥来解密数据。
>
> 数据加密和数据压缩功能不能同时进行，二者只能选其一。

任务二　文件共享与访问

在日常工作中，我们会经常使用文件或打印共享，来提高网络办公效率。"达康"公司的系统管理员在资源服务器上使用共享方式，将公司的新业务资料发布在网络中。另外，对于服务器上多个分散的共享资源，使用了 DFS 文件方式进行统一管理，方便公司用户对共享数据的访问。本任务要求你：

①设置文件夹共享及共享权限；

②认识 DFS 文件系统；

③通过网络访问共享资源。

一、设置文件夹共享及权限

1. 设置文件夹共享

可共享的资源包括硬件资源和软件资源两种。一般情况下，常见的硬件资源包括打印机、扫描仪、磁盘、光驱等，软件资源主要指的是文件夹。如果用户需要共享某个文件，则必须先将文件放入文件夹中，然后共享该文件夹即可。以下是共享文件夹的操作。

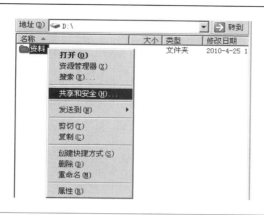	右键单击要共享文件夹,在弹出的快捷菜单中选择"共享和安全"命令。
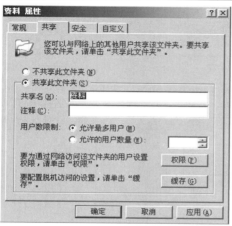	打开"属性"对话框的"共享"选项卡,选择"共享此文件夹",单击"确定"按钮即可。

2. 设置共享权限

在"共享"选项卡中,通过对共享权限进行设置,指定哪些用户允许访问此文件夹,同时也可以对共享文件是否允许被修改做出限制。常见的共享权限有读取、更改和完全控制3种,如下表所示。

权限类别	访问权力
读　取	显示文件夹及文件名称,查看文件的内容,运行应用程序文件等
更　改	除了拥有"读取"权限外,还可在共享文件夹中创建新文件夹,向文件夹中添加文件,修改文件内容,修改文件属性,删除文件和文件夹等
完全控制	获得文件的所有权,可执行"修改"和"读取"权限

73

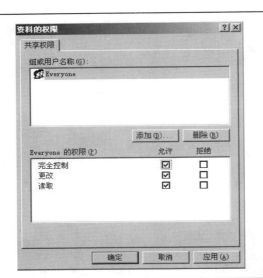

在"属性"对话框的"共享"选项卡中单击"权限"按钮，打开"权限"对话框。

显示了允许访问该文件夹的组或用户名称及权限，默认用户组为 Everyone，表示该系统中的每个用户。

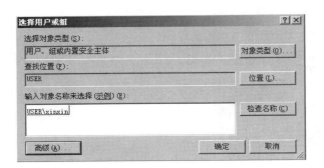

单击"添加"按钮，打开"选择用户或组"对话框。在此对话框中，可以输入允许访问该文件夹的用户或组。

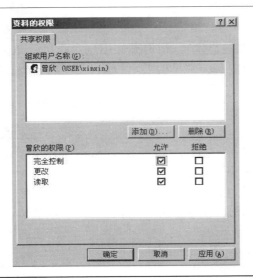

删除多余的组和用户名称，为指定的组或用户设置访问权限。

二、访问网络共享资源

　　完成共享设置后,网络中的其他用户可以访问共享资源。在 Windows 系统中,访问网络共享资源的常见方式有 4 种,具体操作方法如下:

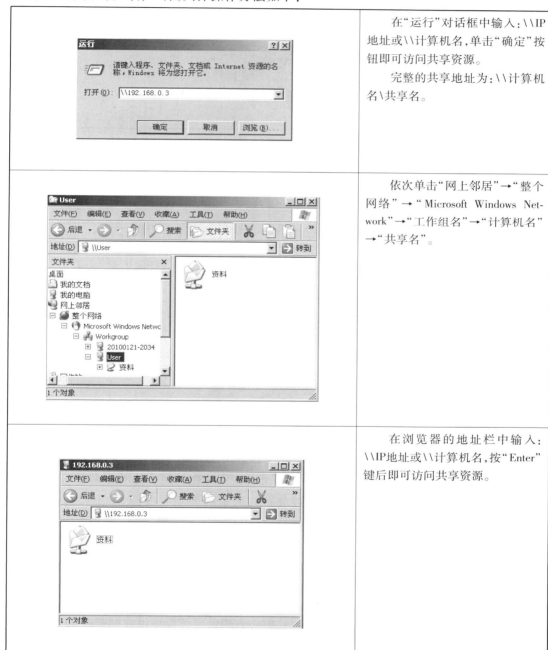

（"运行"对话框）	在"运行"对话框中输入:\\IP地址或\\计算机名,单击"确定"按钮即可访问共享资源。 　　完整的共享地址为:\\计算机名\共享名。
（User 窗口）	依次单击"网上邻居"→"整个网络"→"Microsoft Windows Network"→"工作组名"→"计算机名"→"共享名"。
（192.168.0.3 窗口）	在浏览器的地址栏中输入:\\IP地址或\\计算机名,按"Enter"键后即可访问共享资源。

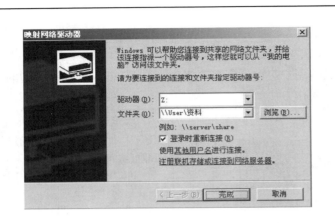

将共享资源映射为网络驱动器,方便用户访问。

【做一做】

(1)有哪些方法可以访问网络中的共享文件夹?

(2)访问共享文件夹时,需要在共享文件夹所在的计算机上拥有账号吗?

　　○需要　　　○不需要

(3)要让共享文件夹如同访问本地驱动器一样,应如何操作? 如果你不想每次访问共享文件夹都重复进行这一操作,应怎样设置?

(4)在映射网络驱动器时,记录共享文件夹的路径,请你归纳出表示网络上的共享文件夹位置的一般格式。

 三、使用 DFS 文件系统

1. 认识 DFS 文件系统

使用分布式文件系统(DFS),系统管理员可以使分布在一个或多个服务器上的共享资源,如同位于网络上的一个位置一样显示在用户面前,用户在访问文件时不需要知道它们的实际物理位置。"达康"公司的新产品资料分布在域中的多个服务器上,工程师通过搭建DFS,使所有资料如同存储在一个服务器上提供给用户访问。这样,用户可避免为查找他们需要的信息而访问网络上的多个位置。

2. 配置 DFS 文件系统

76

DFS 文件系统的创建非常灵活,它可以创建在工作组或域环境中,共享资源可以是本地资源,也可以是网络资源。"达康"公司的信息中心有两台服务器提供数据资料,为方便用户访问共享资源,系统工程师在服务器中使用了 DFS 技术。以下介绍在工作组环境中 DFS 文件系统的配置方法。

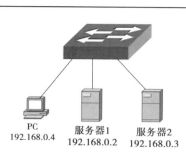

服务器 1 共享资源为：
①D：\Root
②D：\Pub\Img
③D：\Pub\Office
服务器 2 共享资源为：
①D：\Share
②D：\Software
在服务器 1 中创建 NFS 文件系统，将网络中所有的共享资源进行统一。

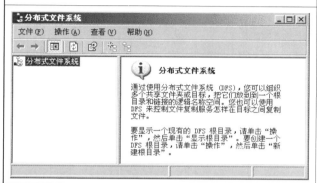

在"控制面板"的"管理工具"中，打开"分布式文件系统"窗口。

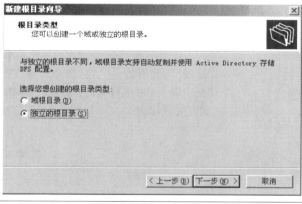

选择根目录的类型。如果服务器工作在域环境时，选择"域根目录"；在工作组环境时，选择"独立的根目录"。

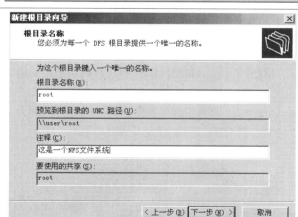

输入一个根目录名称，以后所有的 DFS 文件都从此目录开始。

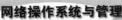
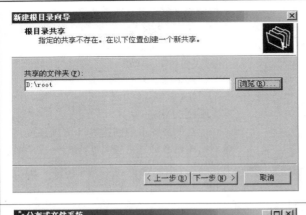

输入根目录的共享文件夹路径,如果根目录的名称与本地计算机中的共享名相同,并且可以正常访问,该对话框会跳过。

DFS 的根目录已经配置完成。

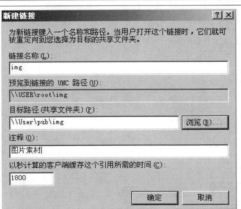

右击 DFS 根目录,在弹出的快捷菜单中选择"新建链接…",在"新建链接"对话框中输入链接名称和链接的位置,单击"确定"按钮即可。

按照同样的方法,完成以上几个共享资源的链接。此时,DFS 文件系统已经对网络中指定的共享资源进行了统一归类。

网络用户访问 DFS 文件系统的根目录时,会发现网络中的所有共享资源都可以通过在此访问,这样大大方便了用户的使用,提高了工作效率。

 友情提示

新建 DFS 新目录时,非域的最后一步提示:"无法连接到指定服务器上的分布式文件系统服务。可能的原因包括服务未启动、服务器脱机、网络问题阻止访问服务器、或者防火墙阻止服务器上 455 端口。"你可以运行"services. msc",找到 Distributed File System(DFS)服务,启动它。

任务三 Windows Server 2003 本地用户和组

Windows 系统提供了强大的账号管理功能,合理的管理系统中的账号,可以让系统资源的访问更加的安全可靠。"达康"公司系统工程师对 Windows Server 2003 服务器的用户和组进行了一系列的安全配置,让公司的服务器运行十分稳定可靠。以下由系统工程师引领读者去学习 Windows Server 2003 系统的本地用户和组的管理技巧,以及系统资源访问的安全策略。本任务要求你:

①认识账号、账号类型和配置文件(主目录,漫游、强制配置文件的实现);
②在工作组中创建账号,设置账号属性;
③认识 Windows Server 2003 中的组、类型及作用;
④在工作组中创建并配置用户组;
⑤使用 ALP 策略管理资源访问权限。

 一、认识 Windows Server 2003 账户

79

在 Windows Server 2003 操作系统中,每一个使用者都必须有一个账户,才能登录到服务器,访问网络上的资源。Windows Server 2003 所支持的用户账户分为本地用户账户和域用户账户两种,"达康"公司使用了域环境的用户账户管理。

1. 创建域用户账户

在"管理工具"中,打开"Active Directory 用户和计算机"窗口,在其中可以创建域用户账户。

	右击"Users",在弹出的快捷菜单中选择"新建"→"用户"。
	在"新建对象-用户"对话框中输入用户的基本信息。
	设置用户密码及用户账户选项。

2. 设置域账户属性

设置账户属性可以对该账户的功能进行调整，如远程控制、加入用户组、允许拨入连接等配置。以下是常见的账户属性的配置方法。

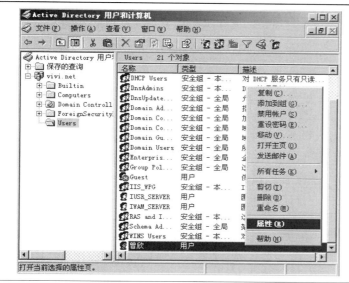

右键单击用户名，在弹出的快捷菜单中选择"属性"命令。

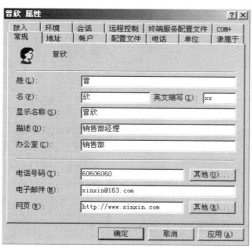

在"常规"选项卡中，可以修改用户的基本信息。

 【知识窗】

在运行 Windows Server 2003 操作系统的计算机上，用户配置文件将自动创建并维护本地计算机上的每个用户工作环境的桌面设置。当用户第一次登录到计算机的时候，系统为每个独立用户创建一个用户配置文件。

域控制器上的用户配置文件有本地、漫游、强制、临时4个类型。
- 本地就是你的配置文件保存在本地计算机。
- 漫游就是保存在域控的文件夹中。
- 强制也是保存在域控器上，但对用户配置目录下做任何更改都不会上传到域控的文件夹上，也就是你做的更改不会保存到域控中。比如你要在桌面上新建一个文档，重启后就没有了。
- 临时是遇到系统故障，或磁盘空间不足时，系统就会临时建立一个配置文件，同样也是不会保存。

3. 漫游用户配置文件

要实现配置漫游用户配置文件，系统管理员首先要在网络中的一台服务器上共享一个文件夹，用于存放漫游用户配置文件。具体操作方法如下。

	在域控制器上创建一个共享文件夹，并设置共享权限为"完全控制"。
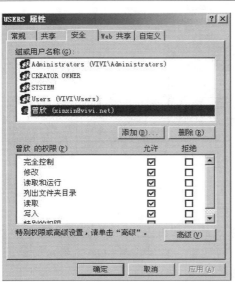	在共享文件夹"属性"对话框的"安全"选项卡中添加漫游用户，并设置 NTFS 权限为"完全控制"。

	在"用户属性"对话框的"配置文件"选项卡中,设置用户配置文件路径。
登录到 Windows **Windows Server 2003** Enterprise Edition Copyright © 1985-2003 Microsoft Corporation 用户名(U): xinxin 密码(P): ******** 登录到(L): VIVI □ 使用拨号网络连接登录(D) 确定 取消 关机(S)... 选项(O) <<	注销当前用户,使用漫游用户登录到域。
系统属性 常规 计算机名 硬件 高级 自动更新 远程 要进行大多数改动,您必须作为管理员登录。 性能 视觉效果,处理器计划,内存使用,以及虚拟内存 设置(S) 用户配置文件 与您登录有关的桌面设置 设置(E) 启动和故障恢复 系统启动,系统失败和调试信息 设置(T) 环境变量(N) 错误报告(R) 确定 取消 应用(A)	在"系统属性"对话框中,选择"高级"选项卡,单击用户配置文件中的"设置"按钮,打开"用户配置文件"对话框。

83

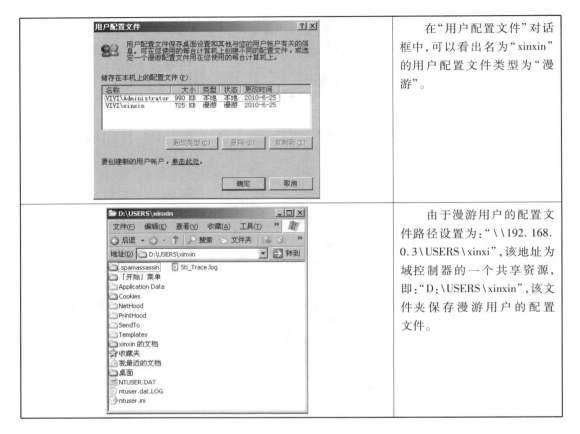	在"用户配置文件"对话框中,可以看出名为"xinxin"的用户配置文件类型为"漫游"。
	由于漫游用户的配置文件路径设置为:"\\192.168.0.3\USERS\xinxi",该地址为域控制器的一个共享资源,即:"D:\USERS\xinxin",该文件夹保存漫游用户的配置文件。

4. 强制漫游用户配置文件

要实现强制漫游用户配置文件,首先以本地系统管理员身份登录域控制器,然后修改用户配置文件的内容,打开共享文件夹的"属性"对话框,选择"安全"选项卡,单击"高级"按钮。

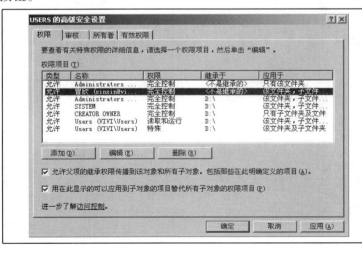	将 Users 文件夹权限应用到它的所有子文件夹或文件中。

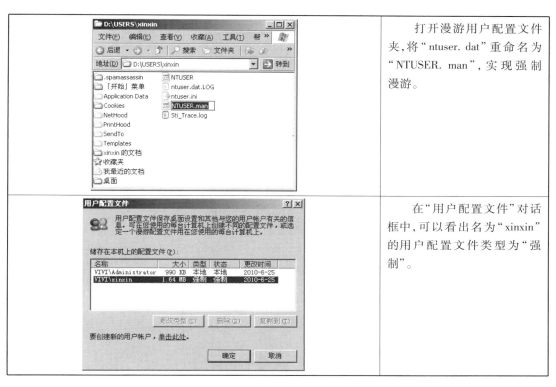

打开漫游用户配置文件夹,将"ntuser.dat"重命名为"NTUSER. man",实现强制漫游。

在"用户配置文件"对话框中,可以看出名为"xinxin"的用户配置文件类型为"强制"。

二、认识 Windows Server 2003 用户组

在 Windows Server 2003 中,组的概念就类似于公司中的部门,用户组的名称如同公司部门的名称,组内的账户相当于部门的成员编号。用户组的出现,极大地方便了 Windows Server 2003 的账户管理及资源访问权限的设置。

在创建用户组之前,必须清楚该用户组的用途。一般情况下,用户组的名称必须和它的用途相关联。"达康"公司的销售部现有 20 名员工,为此,工程师将在服务器上创建名为"销售部"的用户组来简化用户的管理。

在"计算机管理"窗口中右击"组",在弹出的快捷菜单中选择"新建组"命令。弹出"新建组"对话框,填写好组名,单击"添加"按钮为该组添加成员。

85

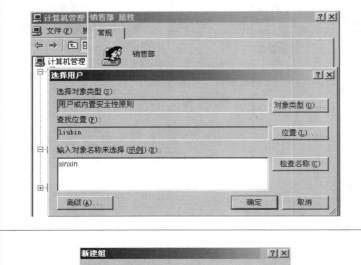

选择哪些用户加入到指定的用户组。一般情况下,单击"高级"按钮,通过搜索用户来选择。

成员添加成功。按照相同步骤,可以为该组添加更多的成员。

 三、ALP 策略管理

1. 认识 ALP 策略

ALP 是账户(Account)、本地组(Local group)、权限(Permission)三个英文单词的缩写,其含义是将用户账户加入本地组,并为本地组配置权限。在工作组环境下,多个用户账户采用相同的策略访问资源时,就要用到 ALP 策略。

2. 配置 ALP 规则

配置 ALP 规则的方法很简单,关键是在共享权限中使用指定的本地用户组进行访问。

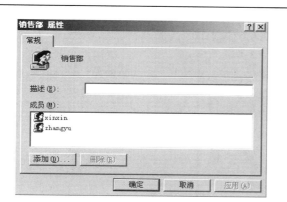

在计算机中创建两个用户"xinxin"、"zhangyu"和一个用户组"销售部",然后将两个用户加入到销售部中。

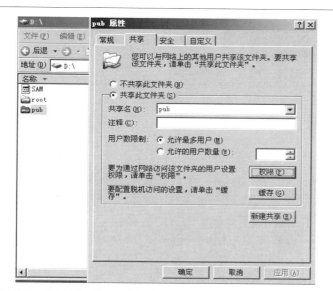

将 D 盘的 pub 文件共享,在"属性"对话框的"共享"选项卡中,单击"权限"按钮,设置共享权限。

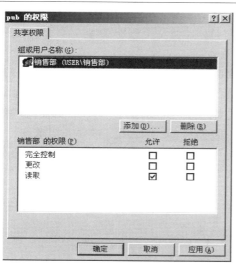

在"组和用户名称"列表中,删除"Everyone"组,单击"添加"按钮,弹出"选择组和用户"对话框,添加名为"销售部"的本地组。

网络中其他计算机访问 pub 共享文件夹时,会提示输入用户名和密码。在此可以输入"销售部"本地组中任意成员的用户名和密码。

 友情提示

在"权限"对话框中,默认的本地组为 Everyone,该组其实是一个特殊的用户组,它表示每个访问用户,但在 Windows XP 系统以后不再包括 Guests 组。所以在默认情况下,计算机中的 Guests 组只允许本地登录,不允许访问网络资源。

任务四　实现 Windows Server 2003 安全性

Windows Server 2003 作为 Microsoft 推出的服务器操作系统,不仅继承了 Windows 2000/XP 的易用性和稳定性,而且还提供了更高的硬件支持和更加强大的安全功能,无疑是中小型网络应用服务器的首选操作系统。"达康"公司的系统工程师准备使用 Windows Server 2003 系统的安全策略,从而来保证公司内服务器的安全使用。本任务要求你:

①使用本地安全性策略;
②使用预定义安全性模板配置服务器安全性;
③审核对系统资源的访问;
④查看安全性日志。

一、使用本地安全策略

1. 认识安全策略

安全策略是保证计算机安全性的安全设置的集合。Windows Server 2003 系统自带的"安全策略"是一个很不错的系统安全管理工具,利用它可以使系统更安全。根据策略作用范围的不同,分为"域安全策略"和"本地安全策略"两种。"域安全策略"必须应用在域环境中的计算机,"本地安全策略"只对本地计算机生效。

2. 配置本地安全策略

本地安全策略的作用范围是本地计算机,可以利用它来编辑本地计算机上的账户策略和本地策略。通过合理的设置,可以提高本地计算机使用的安全性。在"管理工具"中双击"本地安全策略",打开"本地安全设置"窗口,可按我们的需要设置本地安全策略。

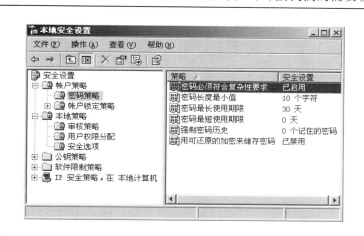	在"账户策略"的"密码策略"中,启用符合规则的复杂密码。
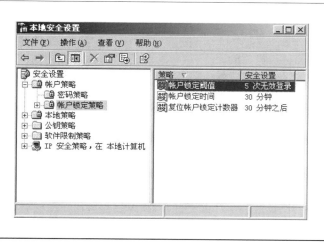	设置"账户锁定策略",当 5 次登录失败后,锁定账户,锁定时间为 30 min。

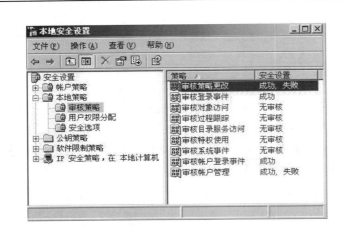

"审核策略"是每当用户执行了指定的某些操作，审核日志就会记录一个审核项。用户可以审核操作中的成功尝试和失败尝试。如果服务器有异常访问，管理员可以通过审核日志来检查存在的问题。

用户可以使用"事件查看器"工具来查看审核日志。

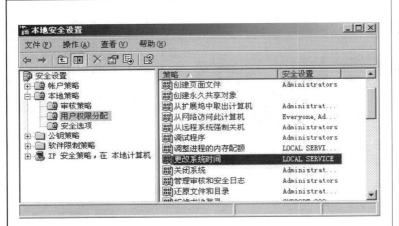

"用户权限分配"是为用户或用户组授予对服务器的操作特权，如允许或禁止用户更改系统时间。

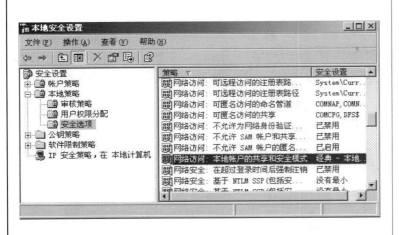

"安全选项"是对本地计算机账户、Windows 网络及访问、交互式登录、设备等策略进行安全选项的设置。如将网络访问中的共享和安全模式设置为经典方式。

友情提示

- 当使用本地安全策略修改本地计算机上的安全策略时,可以直接修改计算机上的设置。在本地计算机上的安全设置将保持有效,直到下次更新"组策略"安全设置为止。
- 从"组策略"接收到的安全设置会覆盖发生冲突的本地设置。在工作站或服务器上,每 90 min 刷新一次安全设置;在域控制器上,每 5 min 刷新一次安全设置。不管是否进行更改,安全设置都是每 16 h 刷新一次。
- 如果在配置完策略后,让策略马上生效,可以通过"gpupdate"命令来更新策略。

 二、使用安全模板

　　安全模板是一种 ASCII 文本文件,它定义了本地权限、安全配置、本地组成员、服务、文件和目录授权、注册表授权等方面的信息。创建好安全模板之后,使用"Secedit"命令就可以将它定义的安全配置应用到系统,几秒钟就能立即生效。"达康"公司系统工程师将使用安全模板功能来更新部门的密码策略。

	单击"开始"→"运行"命令,在打开的对话框中运行"MMC"命令,启用管理控制台工具。 　　在控制台中选择"文件"→"添加/删除管理单元..."命令。
	在"添加/删除管理单元"对话框中,单击"添加"按钮,将"安全模板"添加到管理控制台中。

91

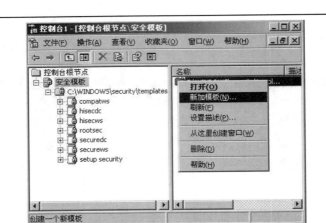

依次展开控制台根节点,右击安全模板路径,在弹出的快捷菜单中选择"新加模板…"命令,模板名为"Password"。

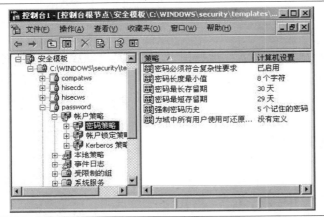

展开名为"Password"的安全模板,按管理员要求设置密码策略。

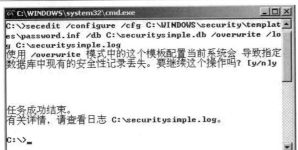

在命令提示窗口中使用"Secedit"命令来激活安全模板。

此时,使用"Secedit"命令可以将 Password 安全模板中的配置信息应用到指定的计算机中,显然要比到每一台计算机上手工修改各个安全选项方便得多。

三、使用审核策略

审核策略可以将发生在用户和系统上的一些行为记录到系统日志中,通过系统日志,可以分析发生在本地系统或域中的一些事件。如果在网络上设置了访问许可,就有必要建立审核策略来追踪并记录用户对这个资源的访问情况。

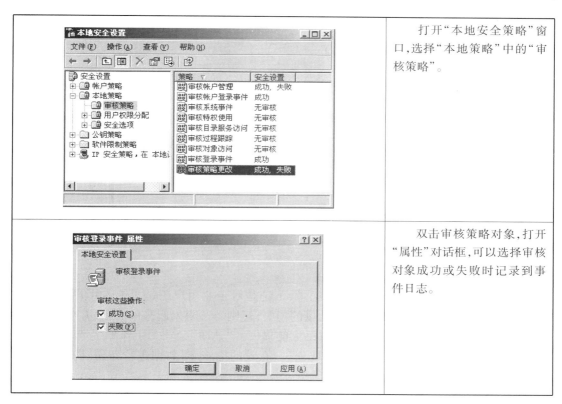	打开"本地安全策略"窗口,选择"本地策略"中的"审核策略"。 双击审核策略对象,打开"属性"对话框,可以选择审核对象成功或失败时记录到事件日志。

 四、使用安全日志

Windows 日志文件记录着 Windows 系统运行的每一个细节,对系统的稳定运行起着至关重要的作用。通过查看服务器的日志文件,管理员可以及时找出服务器出现故障的原因。

	在"管理工具"窗口中双击"事件查看器",打开"事件查看器"工具,我们便可以看到日志记录。

【知识窗】

> 一般情况下,网管都是在本地查看日志记录,由于目前的局域网规模都比较大,因此网管不可能每天都呆在服务器旁。一旦远离服务器,网管就很难及时了解到服务器系统的运行状况,维护工作便会受到影响。现在,利用 Windows Server 2003 提供的 Web 访问接口功能就可解决这个问题,让网管能够远程查看 Windows Server 2003 服务器的日志记录,具体步骤请参考相关书籍。

任务五　备份和还原数据

　　计算机中重要的数据、档案或历史纪录,不论是对企业用户还是对个人用户,都是至关重要的,如果不慎丢失,都会造成不可估量的损失,轻则辛苦积累起来的心血付之东流,重则影响企业的正常运作,给科研、生产造成巨大的损失。"达康"公司为了保障生产、销售、开发等部门的正常运行,系统工程师应当采取先进、有效的措施,对数据进行备份、防范于未然。本任务要求你:

　　①认识数据备份类型;
　　②学会制定备份计划;
　　③学会备份数据;
　　④学会还原数据。

一、认识数据备份

　　数据备份是容灾的基础,是指为防止系统出现操作失误或系统故障导致数据丢失,而将全部或部分数据从主机的硬盘或阵列复制到其他的存储介质的过程。传统的数据备份主要是采用内置或外置的磁带机进行冷备份,但是这种方式只能防止操作失误等人为故障,而且其恢复时间也很长。随着技术的不断发展,数据的海量增加,不少的企业开始采用网络备份。网络备份一般通过专业的数据存储管理软件,结合相应的硬件和存储设备来实现。

二、备份数据

94

　　Windows Server 2003 系统自带的备份还原工具可以支持所有本地数据、系统状态及网络共享数据的备份操作。

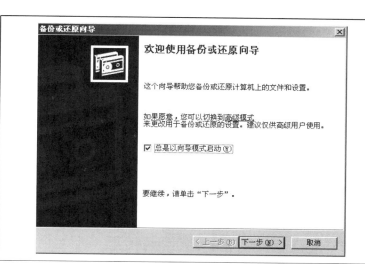

选择"开始"→"程序"→"附件"→"系统工具"→"备份",打开"备份或还原向导"对话框。选择"高级模式",打开"备份工具"。

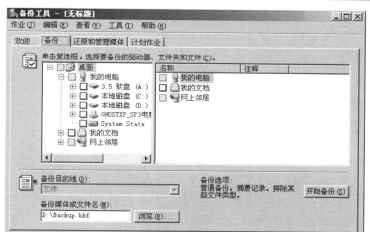

在"备份工具"对话框中选择"备份"选项卡。

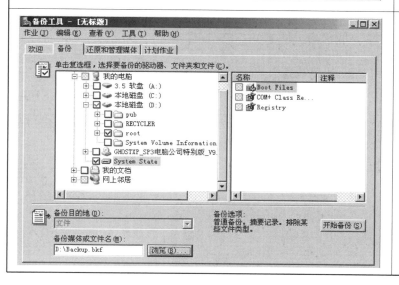

勾选需要备份的驱动器、文件夹及文件。如果需要备份注册表等信息,还要勾选"System State"。

确定备份的路径,如D:\Backup.bkf。

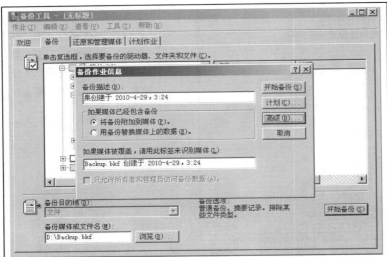

单击"开始备份"按钮，弹出"备份作业信息"对话框。

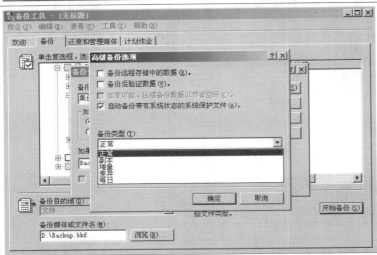

在"备份作业信息"对话框中单击"高级…"按钮，可以设置备份的类型。

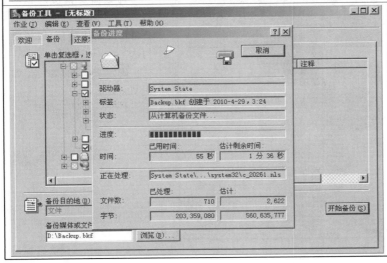

在备份过程中，可以观察备份的进度和备份处理情况。

备份完成后，会在 D 盘中生成一个 Backup.bkf 的备份文件。

【知识窗】

Windows 自带的备份工具中,能够支持以下 5 种备份类型:

(1)副本备份

副本备份可以复制所有选定的文件,但不将这些文件标记为已经备份(不清除存档属性)。如果要在正常和增量备份之间备份文件,复制是很有用的,因为它不影响其他备份操作。

(2)每日备份

每日备份用于复制执行每日备份的当天更改过的所有选定文件。备份的文件将不会标记为已经备份(不清除存档属性)。

(3)差异备份

差异备份用于复制自上次正常或增量备份以来所创建或更改的文件。它不将文件标记为已经备份(不清除存档属性)。如果您要执行正常备份和差异备份的组合,则还原文件和文件夹将需要上次已执行过的正常备份和差异备份。

(4)增量备份

增量备份仅备份自上次正常或增量备份以来创建或更改的文件。它将文件标记为已经备份(清除存档属性)。如果将正常和增量备份结合使用,至少需要具有上次的正常备份集和所有增量备份集,以便还原数据。

(5)正常备份

正常备份用于复制所有选定的文件,并且在备份后标记每个文件(清除存档属性)。使用正常备份,只需备份文件或磁带的最新副本就可以还原所有文件。通常,在首次创建备份集时执行一次正常备份。

组合使用正常备份和增量备份来备份数据,需要的存储空间较少,并且是最快的备份方法。然而,恢复文件是耗时和困难的,因为备份集可能存储在几个磁盘或磁带上。

组合使用正常备份和差异备份来备份数据更加耗时,尤其当数据经常更改时,但是它更容易还原数据,因为备份集通常只存储在少量磁盘和磁带上。

【做一做】

在备份选项中,系统状态包括了计算机中的哪些内容?

三、恢复数据

97

恢复数据与备份数据过程类似,根据用户的需求选择数据恢复的内容,同时还可以选择恢复的路径。

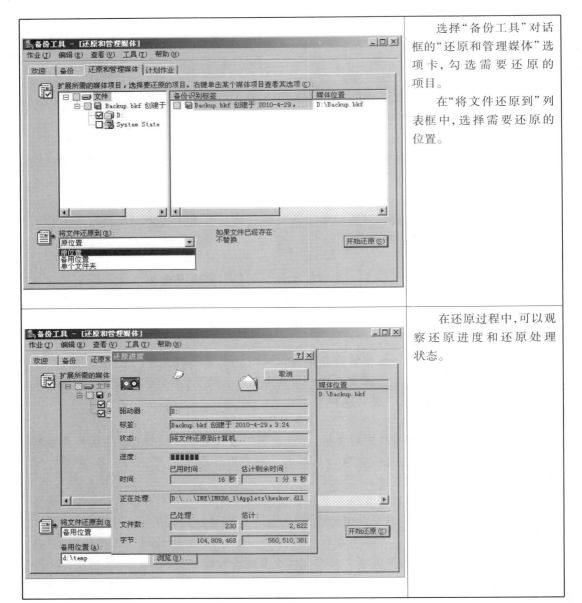

选择"备份工具"对话框的"还原和管理媒体"选项卡,勾选需要还原的项目。

在"将文件还原到"列表框中,选择需要还原的位置。

在还原过程中,可以观察还原进度和还原处理状态。

四、设置备份计划

Windows Server 2003 提供的备份计划功能是一种基于时间的无人干预备份技术,系统管理员只需要定义好备份日期和时间,操作系统会根据该时间去自动完成每一次备份。

...

在"备份工具"对话框中选择"计划作业"选项卡，单击"添加作业"按钮。

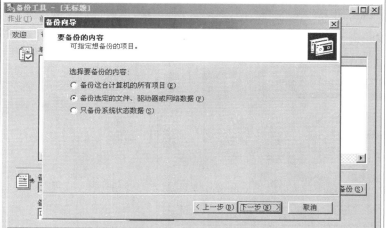

选择需要备份的内容。

选择要备份的项目。

网络操作系统与管理

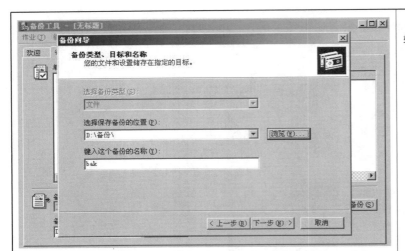

选择备份目录路径并输入备份的文件名。

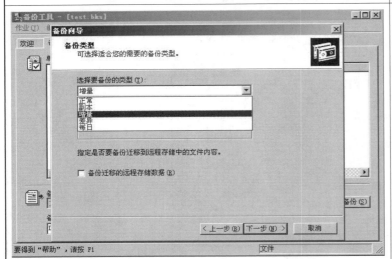

选择备份类型,可选正常、副本、增量、差异和每日。一般情况下,在计划备份中选择增量和差异两种类型比较多。

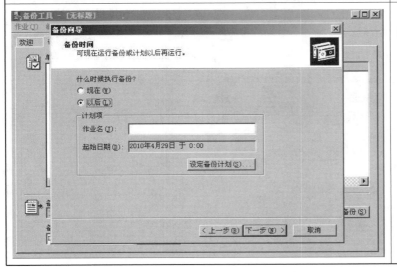

设置备份计划时间,并给作业名命名。

100

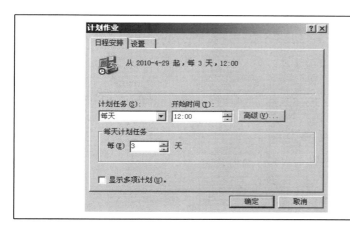

设置日程安排,本例中设置每隔 3 天执行一次增量备份,每天执行时间为 12:00。

【做一做】

在"备份类型"列表中,有正常、副本、增量、差异和每日 5 种类型,它们有什么区别?

学习评价

(1)如果在文件或文件夹"属性"对话框中没有"安全"选项卡,想想是什么原因?

(2)NTFS 文件权限有哪些?

(3)NTFS 用户权限与用户组的权限有什么不同?

(4)NTFS 文件系统中的磁盘配额有什么作用?

(5)Windows Server 2003 系统中的文件使用了 EFS 加密后,除了加密用户外,其他用户是否可以对该文件进行解密? 如果可以,应怎么操作?

(6)访问网络中共享资源的方法有哪几种?

(7)简述 DFS(分布式文件系统)的基本工作原理?

(8)简述 ALP 策略的作用。

(9)Windows Server 2003 系统中的安全策略有哪几种?

(10)Windows 系统集成的数据备份功能有哪几种备份类型?

配置管理 Windows Server 2003 的网络服务

模块概述

在企业网络环境中,DHCP,DNS,VPN 等是常见的网络服务,应用范围及其广泛。Windows Server 2003 作为网络操作系统和服务器操作系统,其自身集成了相当丰富的服务器组件,能够方便构建各种网络服务。在完成本模块后,你将能够:

◆用 DHCP 服务动态分配 IP 地址

◆使用 DNS 实现域名解析

◆配置 Windows 2003 服务器成路由器

◆配置安全远程访问

任务一　用 DHCP 服务动态分配 IP 地址

动态主机配置协议(Dynamic Host Configuration Protocol，DHCP)是一个局域网的网络协议，其主要作用是给局域网环境中的计算机自动配置 IP 地址。本任务要求你：

①了解 DHCP 的工作过程；

②配置 DHCP 服务器；

③配置 DHCP 中继代理；

④配置 DHCP 客服端。

 一、了解 DHCP 的工作过程

DHCP 的工作过程有如下几个阶段：

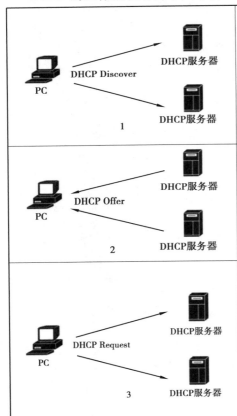

发现阶段：DHCP 客户机寻找 DHCP 服务器的阶段。DHCP 客户机以广播方式(因为 DHCP 服务器的 IP 地址对于客户机来说是未知的)发送 DHCP Discover 发现信息来寻找 DHCP 服务器，即向地址 255.255.255.255 发送特定的广播信息。网络上每一台安装了 TCP/IP 协议的主机都会接收到这种广播信息，但只有 DHCP 服务器才会做出响应。

提供阶段：DHCP 服务器提供 IP 地址的阶段。在网络中接收到 DHCP Discover 发现信息的 DHCP 服务器都会做出响应，它从尚未出租的 IP 地址中挑选一个分配给 DHCP 客户机，向 DHCP 客户机发送一个包含出租的 IP 地址和其他设置的 DHCP Offer 提供信息。

选择阶段：DHCP 客户机选择某台 DHCP 服务器提供的 IP 地址的阶段。如果有多台 DHCP 服务器向 DHCP 客户机发来 DHCP Offer 提供信息，则 DHCP 客户机只接受第一个收到的 DHCP Offer 提供信息，然后它就以广播方式回答一个 DHCP Request 请求信息，该信息中包含向它所选定的 DHCP 服务器请求 IP 地址的内容。之所以要以广播方式回答，是为了通知所有的 DHCP 服务器，它将选择某台 DHCP 服务器所提供的 IP 地址。

<table>
<tr>
<td>

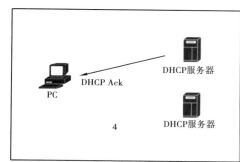

4

</td>
<td>

确认阶段：DHCP 服务器确认所提供的 IP 地址的阶段。DHCP 服务器收到 DHCP 客户机回答的 DHCP Request请求信息之后，便向 DHCP 客户机发送一个包含它所提供的 IP 地址和其他设置的 DHCP Ack 确认信息，告诉 DHCP 客户机可以使用它所提供的 IP 地址。然后 DHCP 客户机便将其 TCP/IP 协议与网卡绑定。另外，除 DHCP 客户机选中的服务器外，其他的 DHCP 服务器都将收回曾提供的 IP 地址 。

</td>
</tr>
</table>

 二、配置 Windows Server 2003 的 DHCP 服务

DCHP 服务的配置包含作用域，作用域选项等，你将通过 DHCP 控制台完成相关的操作。

1. 配置 DHCP 作用域

<table>
<tr>
<td>

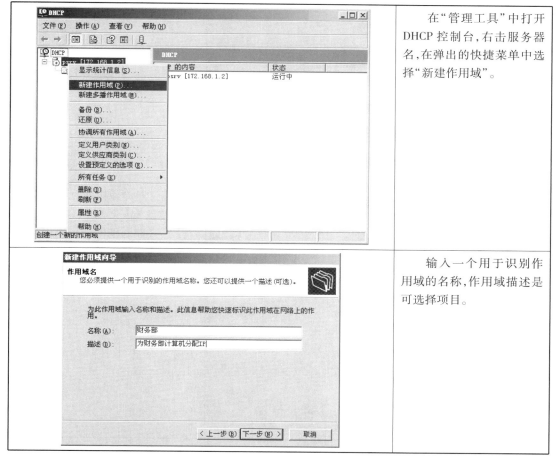

</td>
<td>

在"管理工具"中打开 DHCP 控制台，右击服务器名，在弹出的快捷菜单中选择"新建作用域"。

输入一个用于识别作用域的名称，作用域描述是可选择项目。

</td>
</tr>
</table>

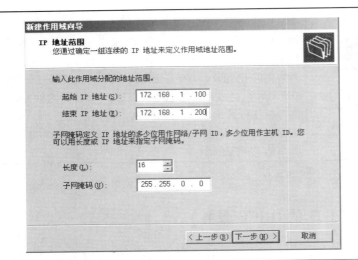

指定作用域所使用的 IP 地址范围。

子网掩码可以用十进制表示，也可以使用二进制表示。

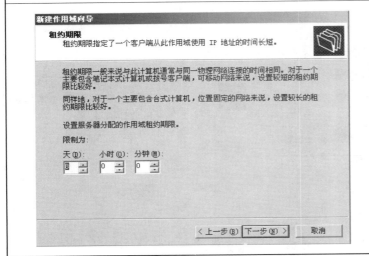

添加不分配的地址或者地址范围。

要排除一个单独的地址，则只在"起始 IP 地址"框输入即可。

确定作用域的租约期限，默认为 8 天。

租约期限指一个客服端从作用域中租用 IP 地址的时间长短。

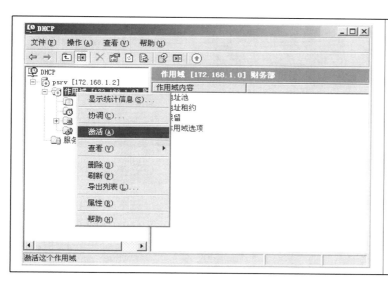

作用域需要激活才能生效。

右键单击"作用域",在弹出的快捷菜单中选择"激活"命令。

 友情提示

- 一台服务器上可以建立多个作用域。
- DHCP 服务器本身必须使用固定 IP 地址。

2. 配置 DHCP 作用域选项

DHCP 除了能够分配 IP 地址外,还能为客服端指定网关,DNS 服务器等,这些需要在"作用域选项"对话框中进行配置。

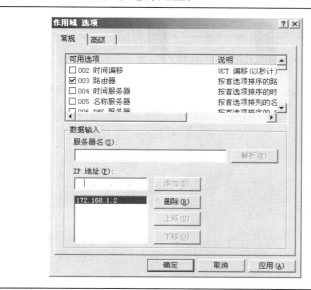

在"作用域选项"对话框中选择"常规"选项卡,勾选"003 路由器",添加需要分配的网关 IP 地址。

友情提示

- 作用域选项所配置的内容仅仅对本域有效。
- 服务器选项所配置的内容对该服务器上所有域都有效。

三、配置 DHCP 中继代理

伴随着局域网规模的逐步扩大，一个网络常常会被划分成多个不同的子网，以便根据不同子网的工作要求来实现个性化的管理要求。

【做一做】

"达康"公司一楼共有 3 间办公室，分别是财务部、行政部和市场部。为了方便管理，3 个部门分属于不同的子网，各有 20 台计算机，采用 DHCP 动态获得 IP 地址。请在下面画出拓扑结构图（注明 DHCP 服务器的位置）。

在子网环境下的 DHCP 应用中，往往使用 DHCP 中继代理技术，实现不同子网客户端和服务器的通信。

DHCP 中继代理部署环境如下：

由于 DHCP 中继代理连接两个子网，所有服务器需要安装两张网卡，并分别配置属于各自子网的 IP 地址。

1. 服务器配置成路由器

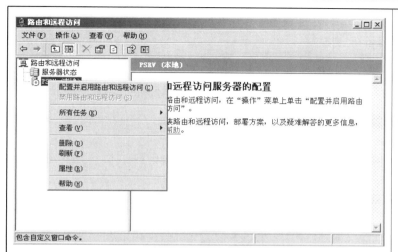	在"管理工具"中打开"路由与和远程访问"控制台,右键单击服务器名,在弹出的快捷菜单中选择"配置并启用路由和远程访问"。
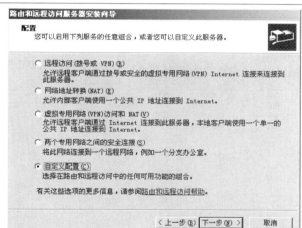	选择"自定义配置"。 "自定义配置"让用户选择在路由和远程访问中的任何可用功能组合。
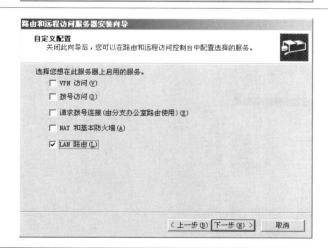	勾选"LAN 路由"复选框。

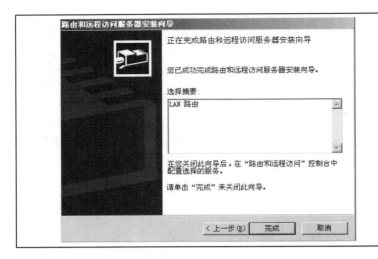

完成路由和远程访问服务器安装向导。

2. 配置 DHCP 中继代理

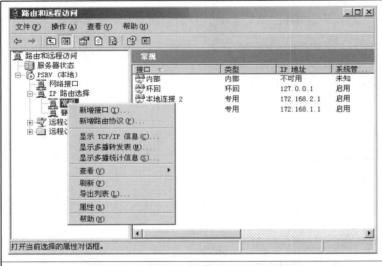

右键单击"IP 路由选择"下的"常规"选项,在弹出的快捷菜单中选择"新增路由协议"。

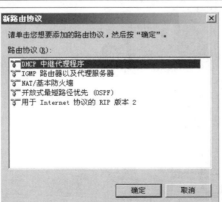

选择"DHCP 中继代理程序"。

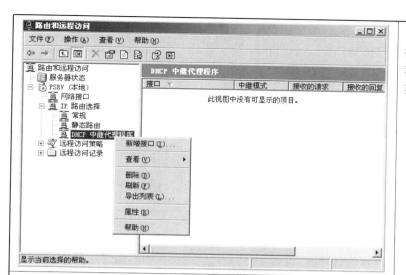

右键单击"IP 路由选择"下的"DHCP 中继代理程序"选项,在弹出的快捷菜单中选择"属性"。

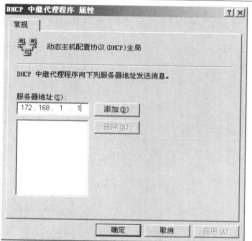

添加需要中继的 DHCP 服务器的 IP 地址。

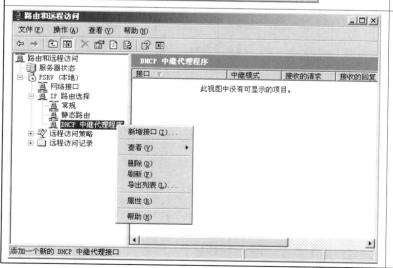

右键单击"IP 路由选择"下的"DHCP 中继代理程序"选项,在弹出的快捷菜单中选择"新增接口"。

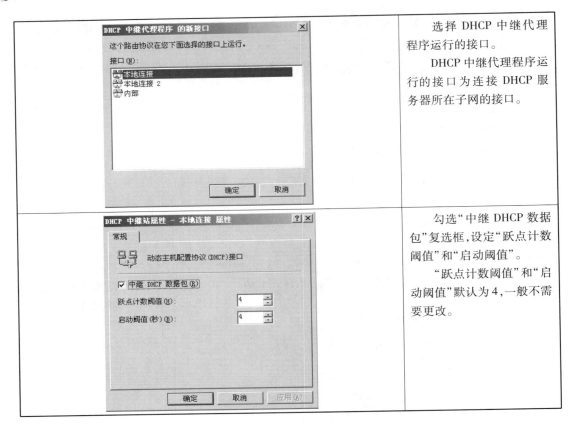

	选择 DHCP 中继代理程序运行的接口。DHCP 中继代理程序运行的接口为连接 DHCP 服务器所在子网的接口。
	勾选"中继 DHCP 数据包"复选框,设定"跃点计数阈值"和"启动阈值"。"跃点计数阈值"和"启动阈值"默认为4,一般不需要更改。

四、配置 DHCP 客服端

DHCP 客服端配置比较容易,只需要在"本地连接"上做相应的设置。

	打开"Internet 协议(TCP/IP)属性"对话框,选中"自动获得 IP 地址"和"自动获得 DNS 服务器地址"。

任务二 用 DNS 实现域名解析

在运行 TCP/IP 协议的网络中采用 IP 地址来标识计算机,但 IP 地址不易记忆,为了解决 IP 地址不易记忆的问题,人们用域名来标识计算机,如 WWW. CCTV. COM。采用域名地址解决了地址的记忆问题,但这需要把域名地址映射到主机的 IP 地址,才能使计算机间正常通信。DNS 服务器就是实现域名地址到 IP 地址转换的名称解析服务器。本任务要求你:

①了解 DNS 的作用;
②创建配置主要 DNS 区域和区域记录;
③创建配置辅助 DNS 区域和配置区域传输;
④配置 DNS 动态更新;
⑤配置 DNS 客服端。

一、创建配置主要 DNS 区域和记录

1. 创建主要区域

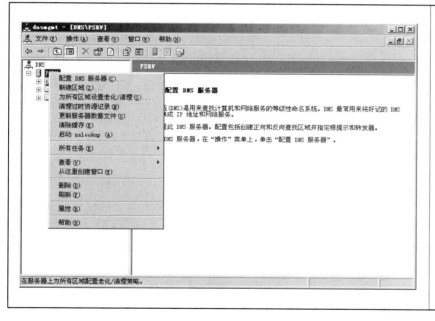

在"管理工具"中打开"DNS"控制台,右键单击服务器名称,在弹出的快捷菜单中选择"新建区域"。

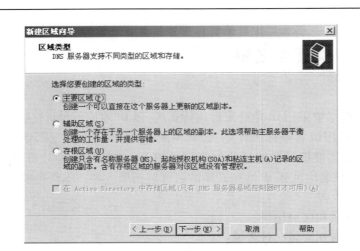

选择要创建的区域类型为"主要区域"。

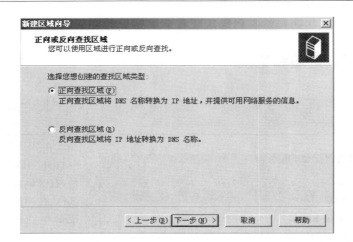

选择创建的查找区域类型为"正向查找区域"。

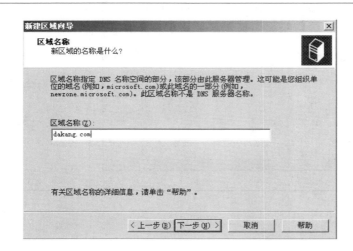

输入区域名称，有称域名。

区域名称指定DNS名称空间的部分。注意，区域名称不是DNS服务器名称。

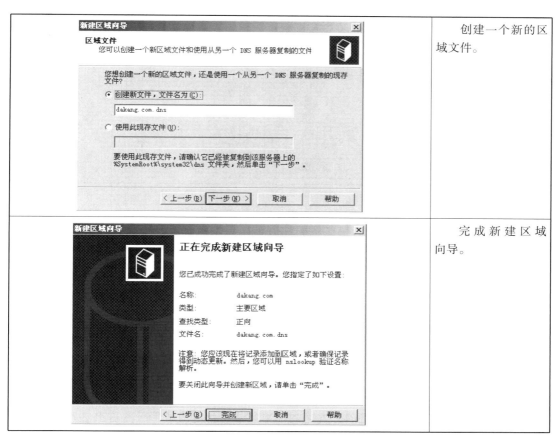

创建一个新的区域文件。

完成新建区域向导。

2. 创建区域记录

右键单击创建好的正向查找区域名称,在弹出的快捷菜单中选择"新建主机"。

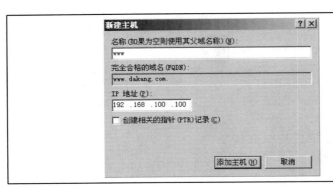

输入主机名称和对应的 IP 地址。

 【知识窗】

别名记录(CNAME)也称为规范名字,这种记录允许用户将多个名称映射到同一台计算机。就像我们人一样,一个人可以有多个名字。最常见的就是同时提供 www 和 mail 服务的计算机。如 host. dakang. com,它同时提供 www 和 mail 服务,为了便于用户访问服务,可以为该计算机设置两个别名(CNAME)www 和 mail,这两个别名的全称是"www. dakang. com"和"mail. dakang. com",实际上他们都指向"host. dakang. com"。

邮件交换记录(MX),指向一个邮件服务器,用于电子邮件系统发邮件时根据收信人的地址后缀来定位邮件服务器。例如,当 Internet 上的某用户要发一封信给 user@ dakang. com 时,该用户的邮件系统通过 DNS 查找 dakang. com 这个域名的 MX 记录,如果 MX 记录存在,用户计算机就将邮件发送到 MX 记录所指定的邮件服务器上。

 二、创建辅助 DNS 区域并配置区域传输

1. 创建辅助 DNS 区域

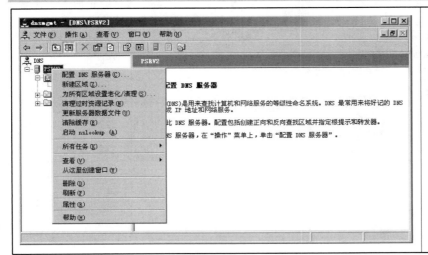

在"管理工具"中打开"DNS"控制台,右键单击服务器名称,在弹出的快捷菜单中选择"新建区域"。

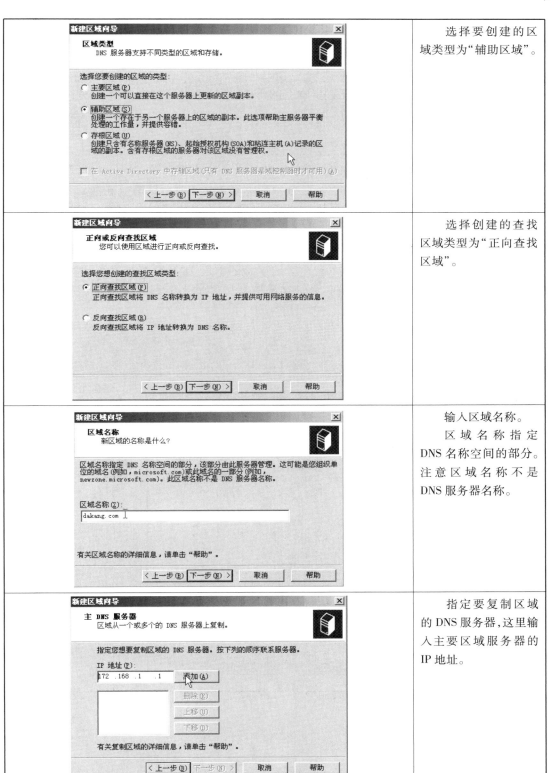	选择要创建的区域类型为"辅助区域"。
	选择创建的查找区域类型为"正向查找区域"。
	输入区域名称。 区域名称指定 DNS 名称空间的部分。注意区域名称不是 DNS 服务器名称。
	指定要复制区域的 DNS 服务器,这里输入主要区域服务器的 IP 地址。

【做一做】

对比主要区域和辅助区域在配置步骤上的不同,有述辅助区域在 DNS 服务中的作用。

【知识窗】

主要区域(Primary)包含相应 DNS 命名空间所有的资源记录,是区域中所包含的所有 DNS 域的权威 DNS 服务器,可以对区域中所有资源记录进行读写。在默认情况下,区域数据以文本文件格式存放。可以将主要区域的数据存放在活动目录中,它随着活动目录数据的复制而复制,

辅助区域(Secondary)是主要区域的备份,从主要区域直接复制而来,同样包含相应 DNS 命名空间所有的资源记录。与主要区域不同之处是,DNS 服务器不能对辅助区域进行任何修改,即辅助区域是只读的。辅助区域数据只能以文本文件格式存放。

2.配置区域传输

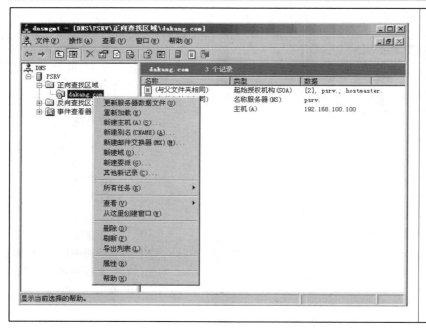

在主区域服务器"管理工具"中打开 DNS 控制台,右键单击服务器名称,在弹出的快捷菜单中选择"属性"。

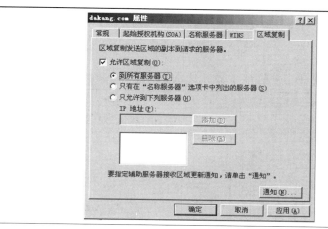

选择"区域复制"选项卡，选中"允许区域复制"。区域复制的对象有以下三种：

①到所有服务器；

②只有在"名称服务器"选项卡中列出的服务器；

③只允许到下列服务器。

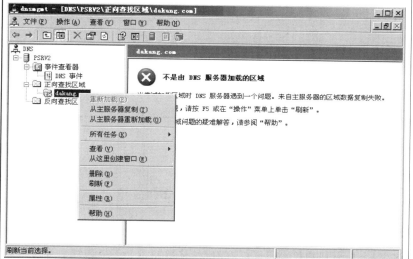

在辅助区域上单击右键，选择"从主服务器复制"。

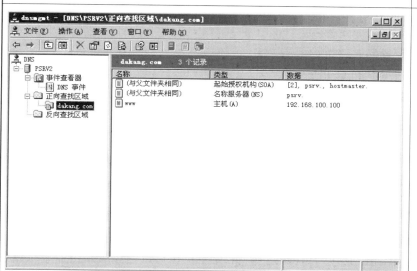

主服务器上的记录完整的复制到辅助区域中。

三、配置 DNS 客户端

DNS 客服端配置比较容易，只需要在本地连接上做相应的操作。

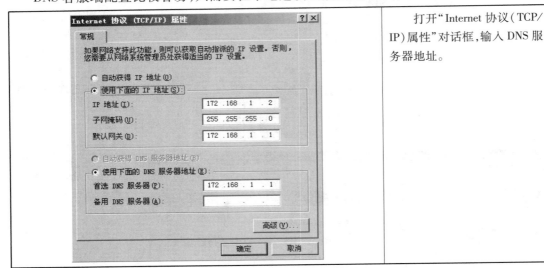

打开"Internet 协议（TCP/IP）属性"对话框，输入 DNS 服务器地址。

任务三　配置 Windows Server 2003 成路由器

路由是把信息源通过网络传递到目的地的行为，在传输路径上，至少遇到一个中间节点。路由器（Router）工作在 OSI 第三层（网络层）上，具有连接不同类型网络的能力，并能够选择数据传送的路径。本任务要求你：

①启用路由功能并配置静态路由；
②启用动态路由功能 RIP 和 OSPF；
③配置路由接口及数据包过滤；
④使用 NAT 访问 Internet。

一、路由算法

路由算法一般分为静态和动态两种。

静态路由是指由网络管理员手工配置的路由信息。当网络的拓扑结构或链路的状态发生变化时，网络管理员需要手工去修改路由表中相关的静态路由信息。静态路由信息在缺省情况下是私有的，不会传递给其他的路由器。当然，网管员也可以通过对路由器进行设置使之成为共享的。静态路由一般适用于比较简单的网络环境，在这样的环境中，网络管理员易于清楚地了解网络的拓扑结构,便于正确设置路由信息。

　　动态路由的路由表项是通过相互连接的路由器之间交换彼此信息,然后按照一定的算法优化出来的,而这些路由信息是在一定时间间隙里不断更新,以适应不断变化的网络,随时获得最优的寻路效果。常用的动态路由协议有 RIP 和 OSPF。

　　Windows Server 2003 自带的"路由和远程访问"组件能够方便的实现路由功能。要配置 Windows Server 2003 为路由器,需要安装双网卡。

　　路由的应用环境如图所示:

 二、启用路由功能并配置静态路由

1. 配置 Windows Server 2003 为路由器

　　参考 DHCP 中继代理中的配置方法。

2. 配置静态路由

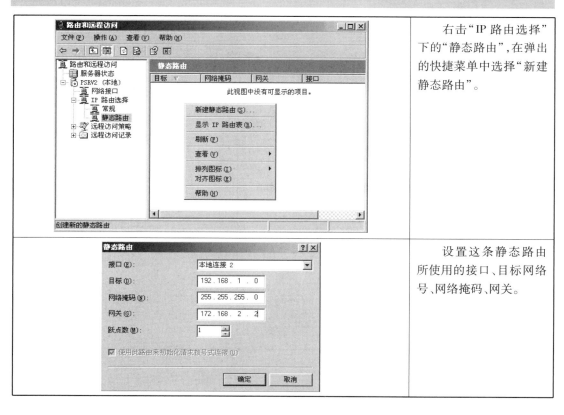

右击"IP 路由选择"下的"静态路由",在弹出的快捷菜单中选择"新建静态路由"。

设置这条静态路由所使用的接口、目标网络号、网络掩码、网关。

 三、配置动态路由 RIP

1. 配置 Windows Server 2003 为路由器

2. 配置 RIP 路由协议

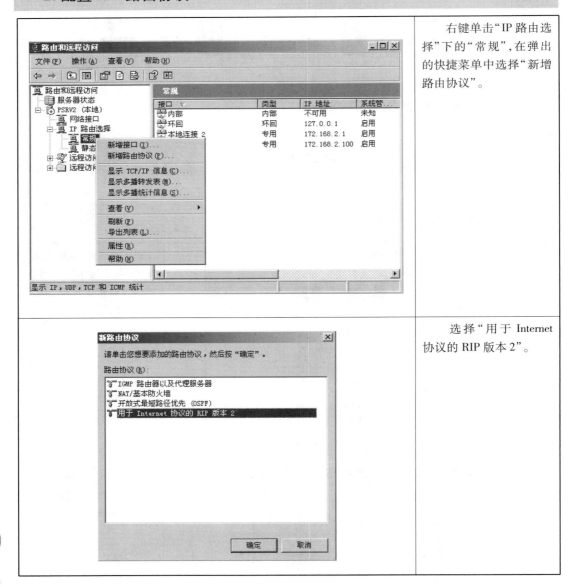

右键单击"IP 路由选择"下的"常规",在弹出的快捷菜单中选择"新增路由协议"。

选择"用于 Internet 协议的 RIP 版本 2"。

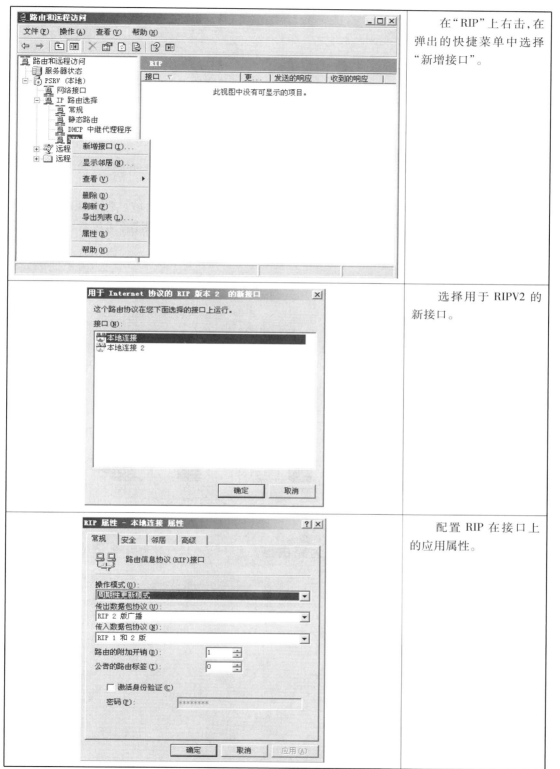

在"RIP"上右击,在弹出的快捷菜单中选择"新增接口"。

选择用于 RIPV2 的新接口。

配置 RIP 在接口上的应用属性。

【做一做】

参照上面的拓扑图,完成 RIP 路由的配置,实现不同网络 PC 之间的访问。

四、配置 OSPF 路由协议

OSPF 网络分为骨干区域(backbone or area 0)、非骨干区域(nonbackbone areas)两个级别。

在一个 OSPF 区域中只能有一个骨干区域,可以有多个非骨干区域。骨干区域的区域号为 0。非骨干区域之间是不可以交换信息的,它们只有与骨干区域相连,通过骨干区域相互交换信息。

友情提示

- 在 OSPF 中,骨干区域是必须的。
- 骨干区域和非骨干区域的划分,大大降低了区域内工作路由的负担。

OSPF 应用环境如下图所示:

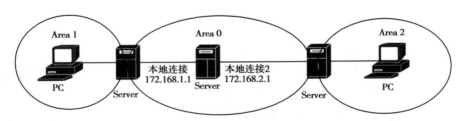

1. 配置 Windows Server 2003 为路由器

2. 配置 OSPF 路由协议

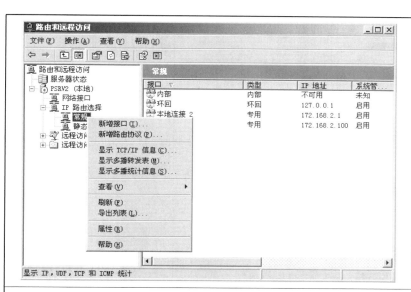

右击"IP 路由选择"下的"常规",在弹出的快捷菜单中选择"新增路由协议"。

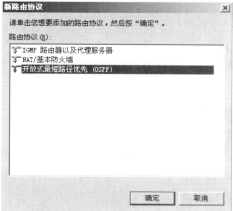

选择"开放式最短路径优先(OSPF)"。

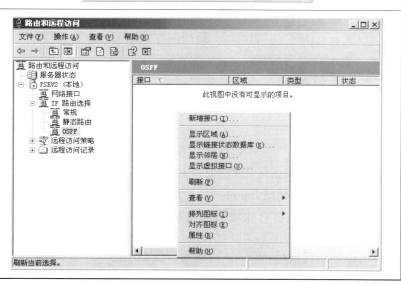

在"OSPF"上单击右键,在弹出的快捷菜单中选择"新增接口"。

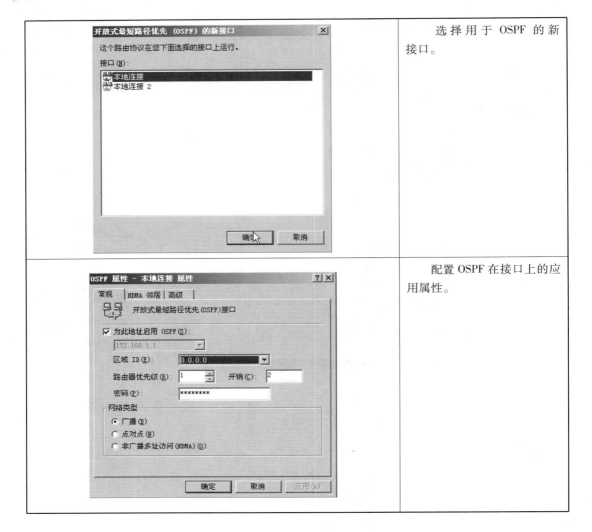

| | 选择用于 OSPF 的新接口。 |
| | 配置 OSPF 在接口上的应用属性。 |

【做一做】

参照上面的拓扑图,完成 OSPF 路由的配置,实现不同网络 PC 之间的访问。

五、使用 NAT 访问 Internet

网络地址转换(Network Address Translation,NAT)是一种将私有(保留)地址转化为合法 IP 地址的转换技术,它被广泛应用于各种类型 Internet 接入方式和各种类型的网络中。NAT 不仅解决了 IP 地址不足的问题,而且还能够有效地避免来自网络外部的攻击,隐藏并保护网络内部的计算机。

实现 NAT 的方式有 3 种,即静态转换(Static Nat)、动态转换(Dynamic Nat)和端口多路复用(OverLoad)。

Windows Server 2003 路由和远程访问组件能够方便实现 NAT。使用 NAT 需要安装双网卡。

【做一做】

"达康"公司从 ISP 申请了一个 C 类地址 202.223.223.202,内网地址使用 172.168.1.0/24。内部计算机要访问 Internet,应该使用什么技术? 请画出网络拓扑图。

NAT 的部署环境如下图所示:

1.为网络连接配置相应的 IP 地址

2.在"路由和远程访问"中配置 NAT

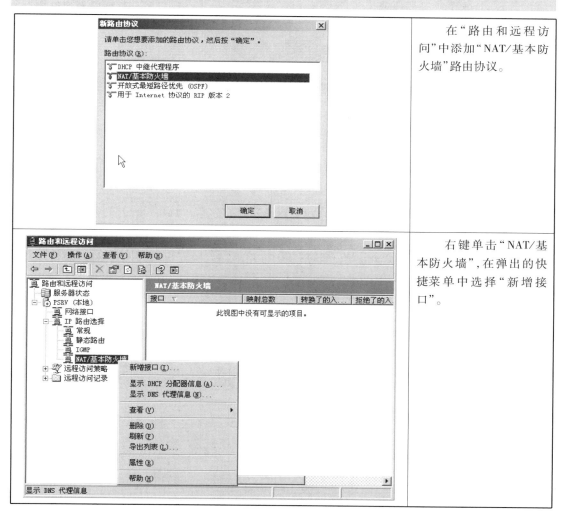

	在"路由和远程访问"中添加"NAT/基本防火墙"路由协议。
	右键单击"NAT/基本防火墙",在弹出的快捷菜单中选择"新增接口"。

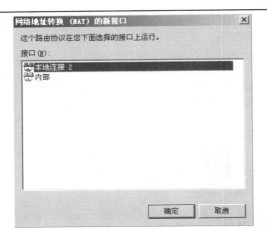

将服务器的两个网络接口都添加到 NAT 中。

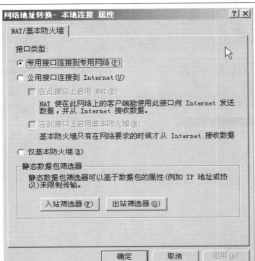

选择接入内网的接口,设置属性。

将接口类型设置为"专用接口连接到专用网络"。

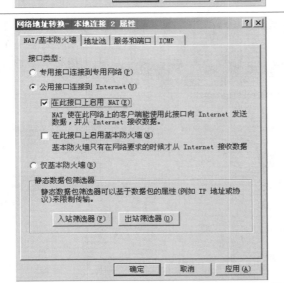

选择接入外网的接口,设置属性。

将接口类型设置为"公用接口连接到 Internet",并选中"在此接口上启用 NAT"。

3. 启用 DHCP 和 DNS 代理查询

如果没有配置专用的 DHCP 服务器, NAT 服务器可以自动为内部网络客户端分配 IP 地址。NAT 服务器还可以代表 NAT 客户端执行域名系统(DNS)查询。

【做一做】

"达康"公司从 ISP 申请了 3 个 C 类地址 202. 223. 223. 202, 内网地址使用 172. 168. 1. 0/24。请配置 NAT, 使内部计算机能访问 Internet。

任务四　配置安全远程访问

"达康"公司的各个分公司、合作伙伴、客户和外地出差人员要求随时通过 Internet 访问公司的内部资源, 要求像在公司内部访问一样安全方便。使用 VPN 技术可满足这样的需求。本任务要求你:

①认识远程访问协议;

②配置 VPN 端口和拨入设置;

③配置用户拨入设置;

④配置 VPN 拨号连接;

⑤配置身份验证、加密协议;

⑥配置 DHCP, 为远程客户机分配 IP 地址。

一、认识 VPN

虚拟专用网(VPN)使用经过特殊加密的通讯协议, 在 Internet 上的位于不同地方的两个或多个企业内部网之间建立一条专有的通讯线路, 就像架设了一条专线一样, 但是它并不需要去铺设光缆之类的物理线路。这就好比去电信局申请专线, 但是不用给铺设线路的费用, 也不用购买路由器等硬件设备。VPN 技术是路由器具有的重要技术之一, Windows Server 2003 也支持 VPN 功能。VPN 的核心就是利用公共网络建立虚拟私有网。

使用 VPN 技术可建立一个临时的、安全的连接, 是一条穿越 Internet 网的安全、稳定的隧道。VPN 是对企业内部网的扩展, 可以帮助远程用户、公司分支机构、商业伙伴及供应商同公司的内部网建立可信的安全连接, 并保证数据的安全传输。VPN 可用于不断增长的移动用户的全球因特网接入, 以实现安全连接。实现企业网站之间安全通信的虚拟专用线路, 用于经济有效地连接到商业伙伴和用户的安全外联网。

VPN 主要采用如下 4 项安全保证技术:隧道技术;加密解密技术;密钥管理技术;使用者与设备身份认证技术。

VPN 常用的协议有 IPSec, PPTP, L2F, L2TP, GRE。

129

Windows Server 2003 自带的"路由和远程访问"组件能够方便的实现 VPN。要配置 Windows Server 2003 为 VPN 服务器,需要安装双网卡。

VPN 的部署环境如下图所示:

二、配置 VPN 端口和拨入设置

1. 为网络连接配置相应的 IP 地址

2. 在"路由和远程访问"中配置 VPN 端口

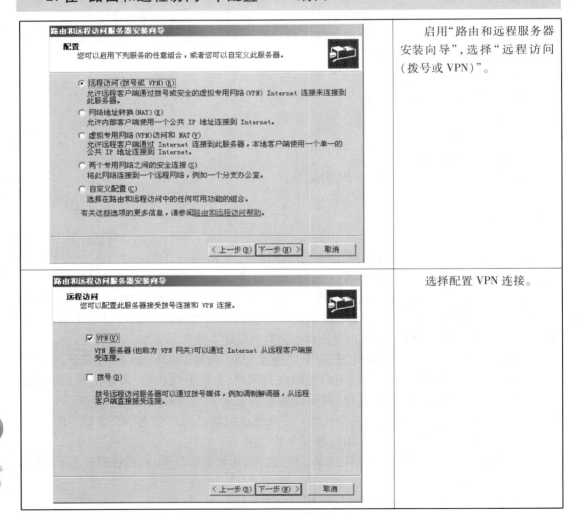

	启用"路由和远程服务器安装向导",选择"远程访问(拨号或 VPN)"。
	选择配置 VPN 连接。

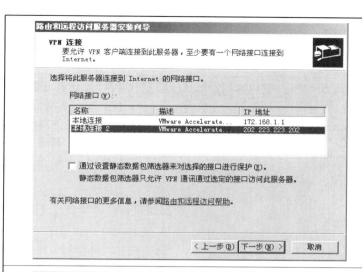

选择服务器连接到 Internet 的网络接口。

要允许 VPN 客户端连接到此服务器,至少要有一个网络接口连接到 Internet。

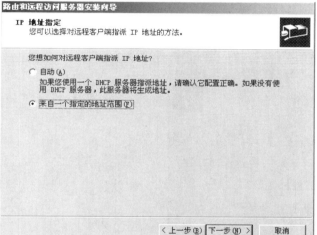

选定对远程客服端指派 IP 地址的方法。

这里可以使用一个 DHCP 服务器来指定 IP 地址,也可以直接指定一个地址范围。

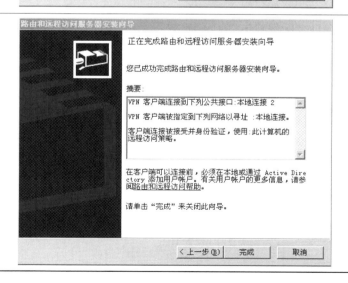

完成路由和远程访问服务器安装向导。

三、配置拨入身份验证和加密协议

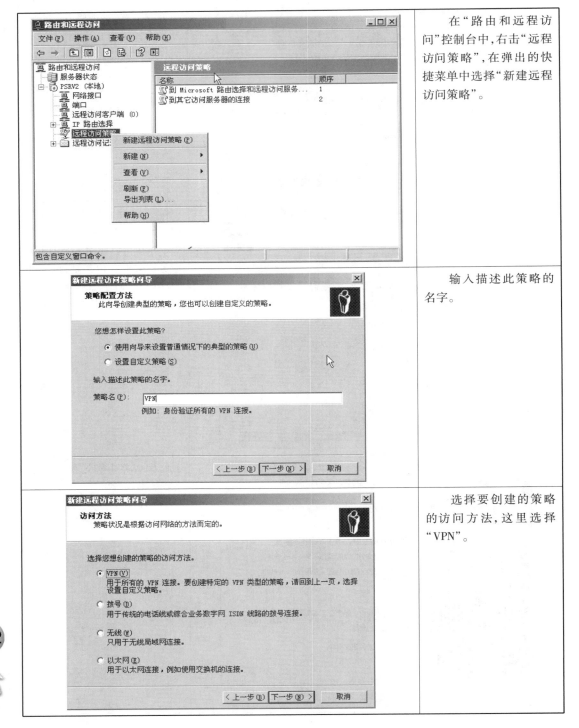

在"路由和远程访问"控制台中,右击"远程访问策略",在弹出的快捷菜单中选择"新建远程访问策略"。

输入描述此策略的名字。

选择要创建的策略的访问方法,这里选择"VPN"。

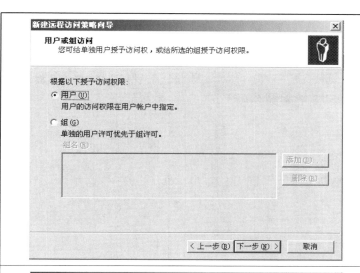

可以单独选择用户授予访问权限，或给所选的组授予访问权限。

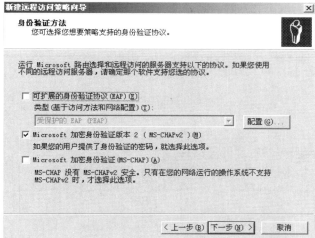

选择策略支持的身份加密方法，这里选择"Microsoft加密身份验证版本 2（MS-CHAPV2）"。

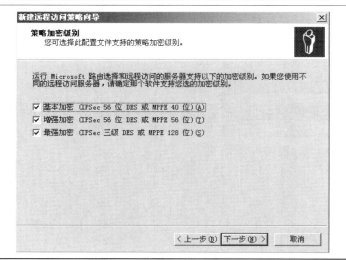

选择配置文件支持的策略加密级别。

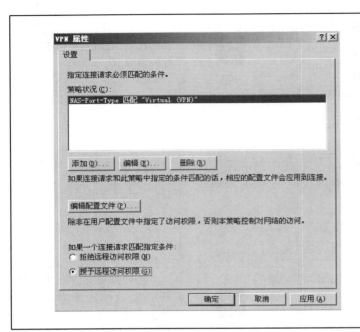

在新建的"VPN"策略上右击,在弹出的快捷菜单中选择"属性",弹出"VPN属性"对话框,选择"授予远程访问权限"。

友情提示

- 对用户组授予访问权限能提高服务器管理的灵活性。
- 系统默认建立的匹配行为为"拒绝远程访问",VPN用户将无法远程接入。

四、配置用户拨入设置

在"计算机管理"中新建一个用户,用于VPN拨入。

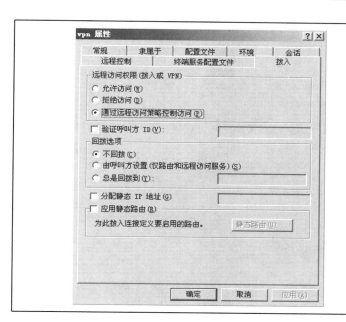

打开"VPN 属性"对话框，选择"拨入"选项卡，选择"通过远程访问策略控制访问"。

友情提示

- 使用"远程策略"管理拨入用户权限，能简化管理操作，提高管理的灵活性。
- 远程拨入用户属于公共用户，应选择"用户不能更改密码"和"密码永不过期"。

五、配置 VPN 拨入连接

VPN 拨入连接在客户端进行配置。

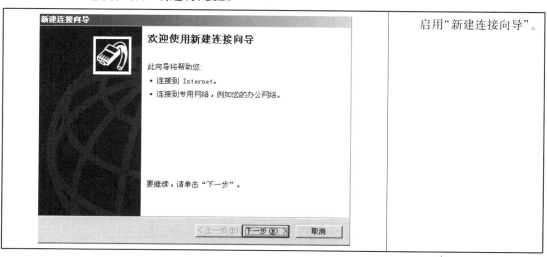

启用"新建连接向导"。

135

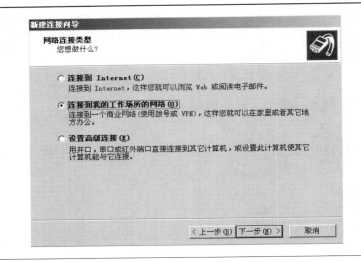

选择"连接到我的工作场所的网络"。

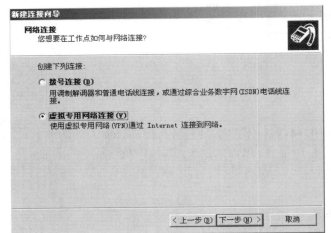

选择"虚拟专用网络连接"。

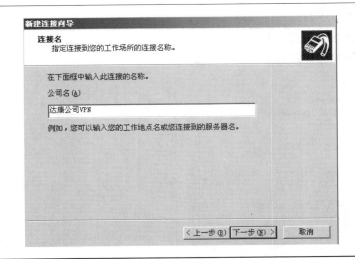

输入连接的名称。

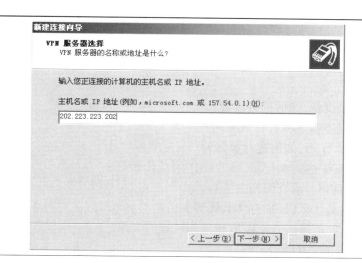

输入主机名或 IP 地址。

远程连接时,输入用户名和密码。

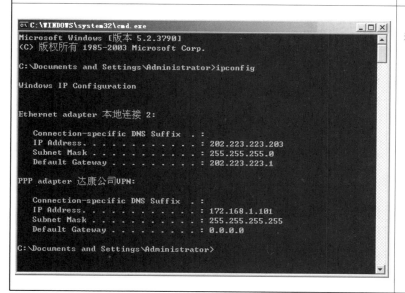

使用 IPconfig 命令可查看远程连接状态。

学习评价

（1）简述 DHCP 的工作流程。

（2）DHCP 中继需要使用哪些设备，如何进行设置？

（3）DHCP 中作用域选择和服务器选项有什么异同？

（4）DNS 反向查找区域有什么作用，如何进行设置？

（5）DNS 中正向查找区域都有哪些类型记录，各自的作用是什么？

（6）哪些操作系统可以配置 DNS？请查阅相关资料。

（7）RIP 和 OSPF 各自的特点是什么，分别有什么优势？

（8）OSPF 的骨干区域是什么？请描述骨干区域和其他区域的关系。

（9）NAT 有几种形式？各自的应用环境是什么？

（10）NAT 可以使内网和因特网相连，与路由有什么区别？

（11）VPN 有哪几种安全加密方式，分别有什么特点？

（12）VPN 客服端的设定需要与服务器安全选项匹配，请描述相关操作。

（13）在 VPN 服务器中，远端用户密码策略应该怎样设计？

（14）简述 VPN 用户权限。

（15）VPN 可以直接在网络设备上实现，请查阅相关资料。

实现 Windows Server 2003 域

模块概述

随着"达康"公司规模的扩大,原来采用工作组模式的计算机网络越来越不适应公司对信息管理的要求。工作组模式的网络虽然简单,但它没有统一的管理机制,不能对用户账户进行统一验证,也没有统一的查找网络资源的机制,这给网络管理和使用网络带来了极大不便。公司决定把网络改造成域模式的网络来解决工作组面临的网络管理和使用问题。在完成本模块后,你将能够:

◆描述活动目录和域的作用

◆把 Windows Server 2003 升级到域

◆在域中创建管理用户和组

◆在活动目录中发布资源

◆管理活动目录

◆创建管理目录树和目录林

任务一　认识活动目录和域

活动目录(Active Directory,简写为 AD)是一种目录服务。活动目录是数据库存储在整个 Windows Server 2003 网络上资源的信息,并使用户和应用程序可以方便查找、管理和使用这些资源。域是活动目录的基本管理单位,一个域可以轻松地管理数万个网络资源。在实施域模式的网络之前,本任务要求你:

①了解活动目录和逻辑结构;

②认识目录树和目录林;

③认识域中服务器角色。

一、认识活动目录

阅读下面关于活动目录的描述,了解 Windows Server 2003 网络中的活动目录及其功能。

活动目录存储了 Windows Server 2003 网络上资源的信息,它使用统一的方式命名、描述、查找、访问、管理和保护这些资源信息。活动目录提供的目录服务功能是一种网络服务,包括了一种集中组织、管理和控制网络资源访问的方法,用户和应用程序可以方便地使用这些资源,而不需要知道资源在网络上的什么地方,活动目录使用 DNS 作用其资源定位服务。活动目录可以扩展,一个只有一个服务器和几百个资源对象的网络可以扩展到拥有数千个服务器和几百万个资源的网络。

活动目录对象代表网络资源。网络中的用户、用户组、计算机、打印机以及服务器等都是作为活动目录对象来管理,这提供了网络管理员在一个集中的位置管理整个网络中的所有资源的能力。活动目录架构(Active Directory Schema)描述了在活动目录中可以创建的对象类型以及每类对象所具有的属性。由于整个活动目录中只有一个架构,所以活动目录中的对象遵循相同的规则,这也为管理员提供了管理不同网络资源一致的方式。

活动目录不但提供了对网络资源的集中管理和控制,还提供了用户单一网络登录能力,即用户一次登录就可以访问整个活动目录中的资源。

【做一做】

(1)讨论与工作组相比,活动目录为管理和使用网络资源带来了哪些方便?

(2)活动目录有哪些功能?

二、认识活动目录的逻辑结构

活动目录的逻辑结构包括域、组织单元、域目录树及目录林和全局目录。请参考下表中的说明了解活动目录的各逻辑组件及作用。

组件名	图 示	描 述
域	Xdriver. com	域（Domain）是由网络系统管理员定义的共用目录数据库的计算机的集合。 域是活动目录中逻辑结构的核心单元，一个域包含多台服务器计算机，它们由管理员定义并共用一个目录数据库。一个域有一个唯一的名字，如图示中的 Xdrive.com。 在 Windows Server 2003 网络中，域定义了安全边界，保证管理员只能在该域内有必要的管理权限，除非得到其他域的明确授权。
组织单元	组织单元 → 用户 → 计算机	组织单元（Organization Units，简写为OU）是一个可以把网络资源对象组织到一个域内的容器，一个组织单元可包含的对象有用户、计算机、组、打印机以及其他组织单元。 利用 OU 可以把对象组织到一个逻辑结构中以满足企业的管理需求。你可以建立一个 OU 结构来模拟企业的管理模式，还以按企业的分支机构来组织，并为每个 OU 指派管理员来分派管理任务。
域树	根或父域 Xdrive.com 双向信任关系 Bch1.Xdrive.com 子域 域树 Bch2.Xdrive.com 子域	把一个域添加到现存域则构成域树（Tree），域树也称域目录树或目录树。现存的域称作父域，新添加的域是父域的子域。子域与父域之间自然形成双向信任关系，即经父域通过的验证，也能通过子域的验证，反之亦然。 域树是 Windows Server 2003 域的层次组织结构，这些域共用连续的名字空间。域树是具有总部和分支机构企业的典型网络管理结构。

141

续表

组件名	图 示	描 述
域林		通过信任关系把域树联系起来就形成了域林(Forest),域林也称为域目录林或目录林。 　域林中的域树并不共用连续的名字空间,每个域树有它自己的唯一名字空间,但它们共用相同的活动目录架构和全局目录,每个域树的根域与域林的根域之间存在双向传递信任关系,所以域林中的域树之间可以共用资源。
全局目录		全局目录存储了一个活动目录中所有对象的子集,存储在全局目录中的属性是那些在查询中经常使用的信息。 　全局目录服务器把查询的信息存储整合到全局目录中,对于用户的查询请求,全局目录服务器执行全局目录查询快速返回查询结果。如果没有全局目录服务,这种查询将搜索域林中所有的域。

 友情提示

- 域中的计算机是指安装了 Windows Server 2003 的服务器计算机,不包加入到域的客户计算机。
- 根域是指在 Windows Server 2003 网络中建立的第一个域。它是域树的根,也是域林的根。
- 域林的名称就是域林根域的名称。

 三、认识活动目录的物理结构

　活动目录的物理结构是存储活动目录提供目录服务的物理元件,它包括域控制器和站点。请参阅下表的相关描述。

物理元件	描　述
域控制器	域控制器(Domain Controller,简写为 DC)是使用活动目录安装向导配置的 Windows Server 2003 服务器计算机。域控制器存储活动目录数据,管理目录信息的变化并把变化复制到域上的其他域控制器,还负责管理用户登录验证和目录搜索。 　　在一个域或域林的域控制器之间通过把活动目录信息的变化复制给对方来保证活动目录中的所有信息对整个网络上所有的域控制器和客户计算机都是有效的和一致的。 　　域中的服务器分为域控制器和成员服务器两大类。成员服务器不存储活动目录,不提供用户登录,不参与活动目录复制,它提供文件、邮件等应用服务。如网络中的 WWW 服务器、FTP 服务器、Email 服务器、数据库服务器等。
站点	站点(Site)是指一个或多个 IP 子网组成。通过定义配置站点可以优化域控制器之间复制活动目录数据的路径,使用户可以可靠、高速地连接登录到域控制器。

 友情提示

- 一个域可以有多个域控制器,每个域控制器都保存了活动目录的一个副本。为了得到高可用性和容错能力,一个域至少需要两个域控制器。对于大型的网络配置多个域控制器是必要的。
- 域控制器之间通过复制活动目录的变化来保证活动目录内容的有效性和一致性。活动目录采用多主控复制模式,当用户或管理员引起活动目录更新操作时,如添加新用户,任何一个域控制器都可以发起复制操作。
- 当有些活动目录变化对于执行多主控复制存在冲突可能时,可以指定复制操作由某个或某几个域控制器执行,这些域控制器被称为操作主控。
- 活动目录中建立的第一个域控制器自动成为全局目录服务器,你也可以授权任何域控制器成为全局目录服务器。配置多个全局目录服务器可以实现登录验证和目录搜索的负载均衡。
- 站点映射了企业网络的物理结构,域映射的是企业网络的逻辑结构。站点和域之间没有必须的对应关系。活动目录支持一个站点可以有多外域,一个域也有多个站点。

任务二　升级 Windows Server 2003 到域服务器

　　在域模式下,至少有一台服务器负责每一台联入网络的计算机和用户的验证工作,相当于一个单位的门卫一样,称为域控制器(Domain Controller,DC)。"达康"公司使用域模式组

建网络,首先需要升级 Windows Server 2003 到域服务器。本任务要求你:

①使用"管理你的服务器"创建域;

②配置域的模式;

③配置客户计算机加入到域。

 一、使用"管理你的服务器"创建域

在 Windows Server 2003 中,可以方便使用"管理你的服务器"创建域。

在"管理工具"中,双击"管理你的服务器"。

选择"添加或者删除角色"。

选择"域控制器（Active Directory）"。

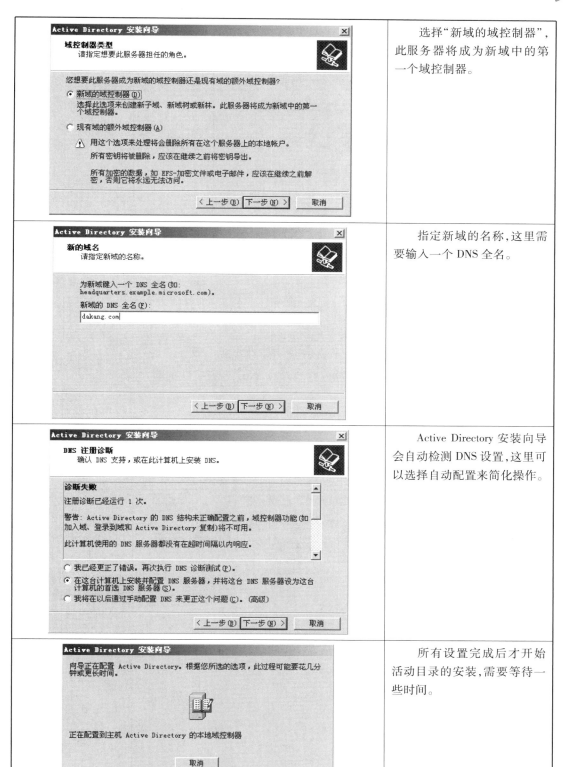

选择"新域的域控制器"，此服务器将成为新域中的第一个域控制器。

指定新域的名称,这里需要输入一个 DNS 全名。

Active Directory 安装向导会自动检测 DNS 设置,这里可以选择自动配置来简化操作。

所有设置完成后才开始活动目录的安装,需要等待一些时间。

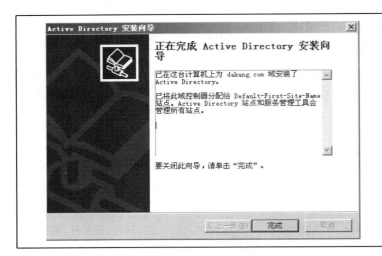

完成 Active Directory 安装向导。

 友情提示

- 活动目录安装向导完成后需要重新启动计算机才能生效。
- 可以在"运行"框中输入"Dcpromo.exe"命令来启动活动目录的安装。

 二、配置域的模式

Windows Server 2003 有 4 种域功能级别,可以进行更改。

在"管理工具"中双击打开"Active Directory 域和信任关系"控制台。右键单击域名,在弹出的快捷菜单中选择"提升域功能级别"。

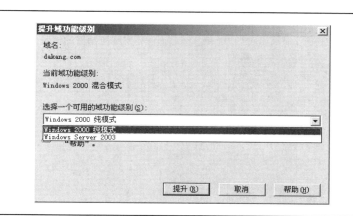

默认的域功能为"Windows 2000 混合模式"。

 【知识窗】

（1）Windows 2000 混合模式（默认）

● 支持的域控制器：Microsoft Windows NT 4.0,Windows 2000,Windows Server 2003。

● 激活的功能：本地与全局组,全局编录支持。

（2）Windows 2000 纯模式

支持的域控制器：Windows 2000,Windows Server 2003。

激活的功能：组嵌套、通用组、SidHistory、安全组与通讯组之间的转换,可以通过提高目录林级别来提升域级别。

（3）Windows Server 2003 过渡版

● 支持的域控制器：Windows NT 4.0,Windows Server 2003。

● 支持的功能：在此级别内没有域范围的激活功能。当目录林级别提升至过渡版后,该目录林中所有域都将自动提升至该级别。该模式只在将 Windows NT 4.0 域中的域控制器升级至 Windows Server 2003 域控制器时使用。

（4）Windows Server 2003

● 支持的域控制器：Windows Server 2003。

● 支持的功能：域控制器重命名、登录时间戳属性更新与复制。在 InetOrgPerson 对象类上支持用户密码。

 ## 三、配置客户机加入域

配置客服机加入域,首先更改客服机的 DNS 服务器地址为域控制器的地址。

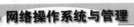
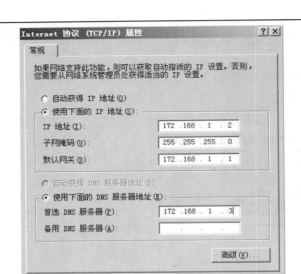

将客服机的 DNS 地址改为域控制器的地址。

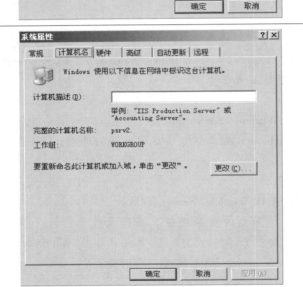

右键单击"我的电脑",在弹出的快捷菜单中选择"属性",打开"系统属性"对话框。

选择"计算机名"选项卡,单击"更改"按钮。

在"隶属于"中,输入客服机所要加入的域名。

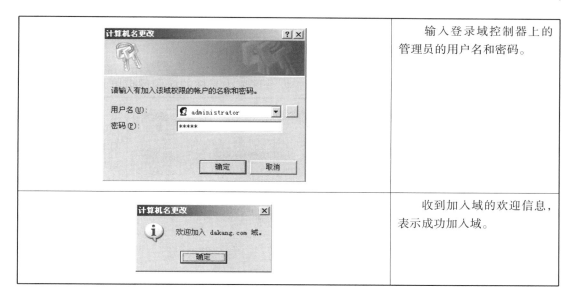

	输入登录域控制器上的管理员的用户名和密码。
	收到加入域的欢迎信息，表示成功加入域。

友情提示

- 加入域之前,需要获得域控制器的管理员账号。
- 加入域之后,本地用户管理将不可用,统一由域控制器管理。

【做一做】

将一台 Windows Server 2003 服务器升级至域控制器,比较升级前后"管理工具"的差别。

任务三　在域中创建管理用户和组

对于域的控制,主要在域控制器上进行操作。作为"达康"公司的网络管理员,可以通过域用户,域策略来实现对网络的控制。本任务要求你:

①建立组织单元;

②管理域用户账号;

③使用组策略,结构、继承、委派组策略管理;

④实现 AGDLP 策略分配权限。

一、建立组织单元

组织单元是活动目录下的逻辑单位,用于划分区域中具体的应用逻辑单元。

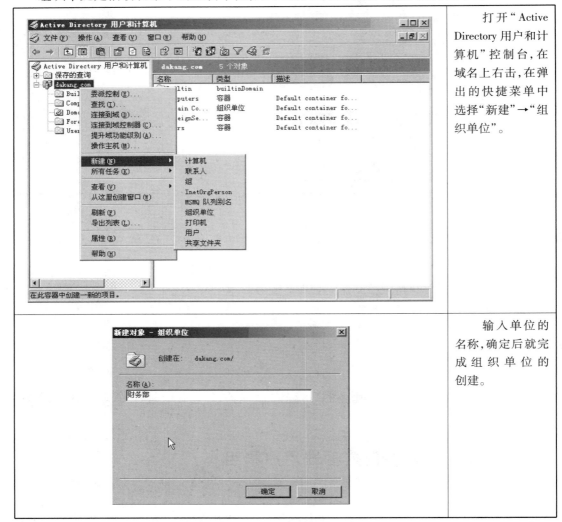	打开"Active Directory 用户和计算机"控制台,在域名上右击,在弹出的快捷菜单中选择"新建"→"组织单位"。
	输入单位的名称,确定后就完成组织单位的创建。

二、管理域用户账号

域用户的管理在"Active Directory 用户和计算机"控制台中进行,主要有添加/删除用户、停用/启用用户、移动用户、复制用户等操作。

1. 新建用户

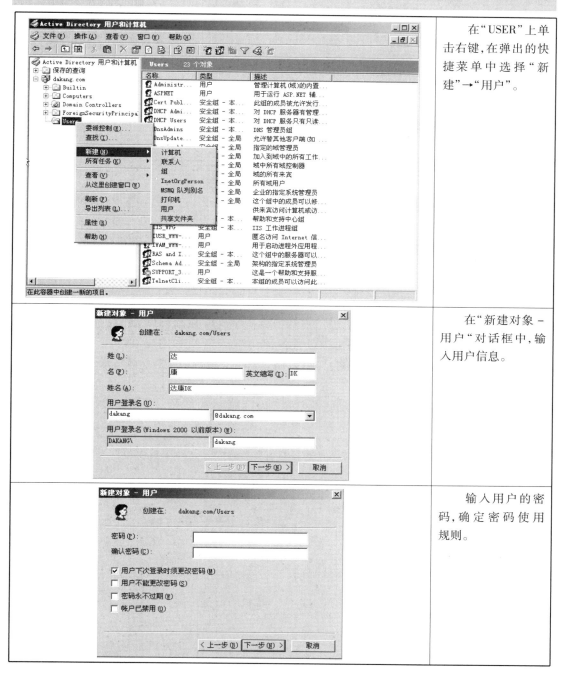

	在"USER"上单击右键,在弹出的快捷菜单中选择"新建"→"用户"。
	在"新建对象 – 用户"对话框中,输入用户信息。
	输入用户的密码,确定密码使用规则。

2. 移动用户

在"域"控制器中,可以方便地将用户从一个组或者组织单位移动到其他组织单位。

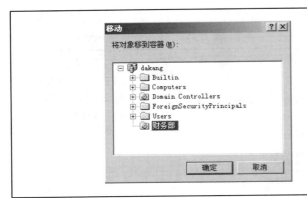

在某个用户名上单击右键,在弹出的快捷菜单中选择"移动",弹出"移动"对话框,选择要移动的目标。

【做一做】

在"域"控制器上,完成用户的重命名、删除、停用/启用、重设密码等操作。

 三、管理组策略

组策略(Group Policy)是管理员为用户和计算机定义并控制程序、网络资源及操作系统行为的主要工具。通过使用组策略可以设置各种软件、计算机和用户策略。

在 Windows Server 2003 中,提供了"组策略管理"控制台(需要下载安装),能够方便地进行组策略管理。

1. 新建组策略

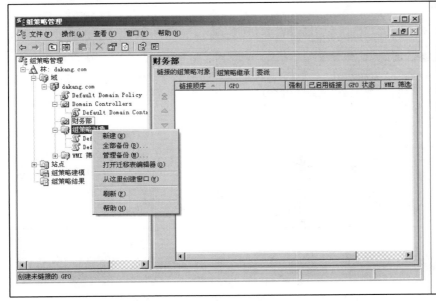

在"管理工具"中打开"组策略管理"管理控制台,右键单击"组策略对象",在弹出的快捷菜单中选择"新建"。

输入策略名称，
完成新建策略。

2. 链接组策略到对象

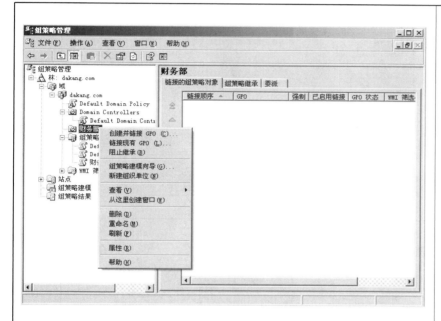

在需要链接策略的对象名上右击，在弹出的快捷菜单中选择"链接现有 GPO"。

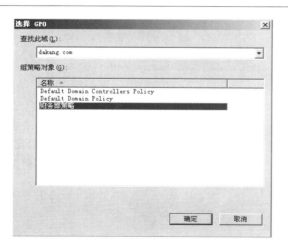

选择需要链接的组策略对象。

153

3. 组策略的委派管理

| | 选择需要委派的策略名,在右边窗口选择"委派"选项卡。 |

| | 单击"添加"按钮,在弹出的对话框中加入委派的对象。 |

| | 设置委派对象对策略的权限,单击"确定"按钮完成委派操作。 |

4. 使用组策略编辑器编辑策略

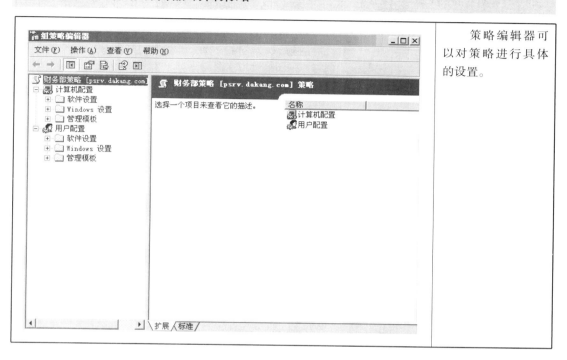

策略编辑器可以对策略进行具体的设置。

【做一做】

使用策略编辑器,对脚本分配,文件夹重定向,登录环境进行设定。

任务四　在活动目录中发布资源

网络管理的一个关键要素是保障用户发布网络资源的安全性和选择性,同时还要方便用户在网络上寻找信息。我们可用 Windows Server 2003 活动目录服务来达到这个要求,包括存储网络对象的信息、提供快速信息检索、提供控制活动目录信息访问的安全机制等。本任务要求你:

①在活动目录中发布共享文件夹;
②在活动目录中发布共享打印机。

 一、在活动目录中发布共享文件夹

为了方便管理,我们把共享资源放在一个 OU 中进行操作。

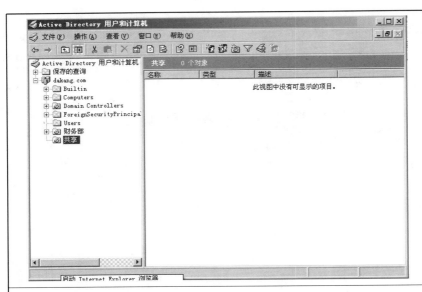

新建一个名为"共享"的OU。

在"共享"名称上右击,在弹出的快捷菜单中选择"新建"→"共享文件夹"。

输入共享文件夹的名称和网络路径。

网络路径是需要发布共享资源的UNC名称。

友情提示

- 右击"共享",在弹出的快捷菜单中选择"属性",在"属性"对话框中输入共享资源的描述项,方便管理。
- 选择"关键字",输入一个用于搜索文件夹的关键字,方便用户查找。

【做一做】

在"共享"管理单元中发布 3 个共享资源,测试访问结果。

二、在活动目录中发布打印机

在 Windows Server 2003 中建立打印机时,打印机将自动发布在活动目录上。

友情提示

对于不是运行 Windows Server 2000/2003 计算机(如 Windows NT 4.0)上的打印机,不能在 AD 中进行自动发布,可利用"活动目录"管理工具或 System32 文件夹中提供的"pubprn. vbs"脚本进行手动发布。

【知识窗】

Windows Server 2000/2003 域中的打印机发布的特点:

①自动发布。任何运行 Windows Server 2000/2003 的打印服务器上共享的打印机,在活动目录中都有一个账户。当需要在 AD 中发布打印机时,管理员只要安装并共享打印机即可。

②每个打印服务器负责发布在各自活动目录中的打印机。要共享打印机时,主管共享打印机的服务器将联合域控制器发出在活动目录上发布打印机的请求。

③属性自动更新。在配置或修改打印机属性时,活动目录中发布的打印机的属性自动更新。

④自动删除。如果打印机从网上删除或不共享,发布也自动从活动目录撤销。这可以防止用户去连接网络上已不存在的打印机。

在活动目录中发布的对象与实际共享资源之间的差别如下:

①发布的对象包含关于共享资源的位置信息,便于在活动目录中用查找工具定位,一旦需要查看其内容,活动目录便把用户引导到资源本身。

②在活动目录上发布的对象与它代表的共享资源本身是完全独立的,它们各自有自己的 DACL。不管是共享打印机还是共享文件夹,在活动目录中其"属性"对话框中都有"安全"选项卡。活动目录中的"安全"选项卡指的是谁能在活动目录中对此对象有相应的权限,而资源本身中的"安全"选项卡指的是哪些用户对此资源有真正的访问权限。

③在活动目录发布的共享资源可以在 OU 间移动。这就维护了活动目录与行政单元间的——对应关系,便于对网络资源的管理,而共享资源本身是没有这个能力的。

【做一做】

在"共享"管理单元中发布打印机,并在客服端进行测试。

学习评价

(1)简述活动目录的作用。

(2)有几种方式可以升级 Windows Server 2003 到活动目录?

(3)OU 有什么作用,在什么地方可使用 OU?

(4)描述 DNS 区域和活动目录区域的关系。

(5)域控制器的级别有几种,分别是什么?

(6)在域控制器上能对用户进行哪些操作?

(7)组策略是什么,有什么作用?

(8)"组策略"控制台能够方便我们对组策略进行管理,常见的管理操作有哪些?

(9)如何进行 OU 与组策略的链接?

(10)如何进行 OU 和上级策略的继承?

(11)委派是一种重要的功能,简述 OU 的委派和组策略的委派。

(12)对组策略进行委派,用户都能委派哪些权限?

(13)请编辑组策略,禁止用户修改桌面属性。

(14)描述如何在 AD 上发布共享资源。

(15)在 AD 上发布的共享资源和普通共享相比有什么特点?

(16)现有 A、B、C 3 台主机,完成以下实验:

①A 上建立一个根域控制器,域名为 dangkang.com;

②B 上建立 dangkang.com 的域控制器;

③C 上建立一个子域控制器,cw.dakang.com;

④将 B、C 还原为普通服务器;

⑤在 A 上建立 b、c 两个域账户;

⑥B、C 计算机均加入 dangkang.com 域;

⑦验证用户 b 可以在 C 计算机上登录,c 用户可以在 B 计算机上登录;

⑧设置 b 用户当前时间段不能登录;

⑨设置 c 用户只能在主机 C 上登录。

配置应用服务器

模块概述

Windows 平台是目前应用最广泛的服务器平台之一,因此 Windows 应用服务器的管理也是网络管理员进行日常网络管理的重点和难点之一。Windows 应用服务器的管理涉及到许多方面,其中主要包括 Web 服务器、FTP 服务器、打印服务器等。本模块主要学习管理和配置基于 Windows Server 2003 的应用程序服务器。

学习完本模块后,你将能够:

◆ 配置 Web 服务器

◆ 配置 FTP 服务器

◆ 配置 E-mail 服务器

◆ 配置打印服务器

◆ 配置流媒体服务器

任务一 配置 Web 服务器

"达康"公司计划建立一个网站,用于产品信息发布、市场营销、产品的售后服务以及公司详细情况介绍等,这就要求我们安装并配置一个 Web 服务器,用于公司网站的发布。本任务要求你:

①管理和配置 Web 站点;
②创建新的 Web 站点;
③配置安全站点。

一、创建新的 Web 站点

以本地磁盘"C:\达康"为网站主目录,为"达康"公司创建一个 Web 服务器。

<table>
<tr><td>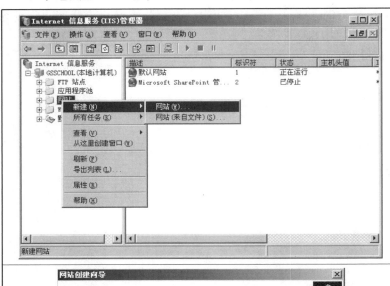</td><td>打开"Internet 信息服务(IIS)管理器"对话框,右键单击"网站",在弹出的快捷菜单中选择"新建"→"网站"命令。</td></tr>
<tr><td></td><td>输入网站描述,如"dakang",然后单击"下一步"按钮。</td></tr>
</table>

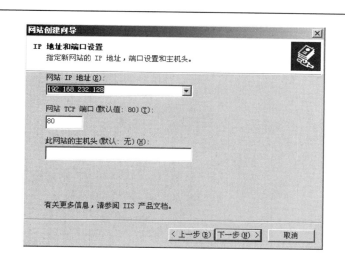

为网站指定相应的IP 地址和端口,然后单击"下一步"按钮。

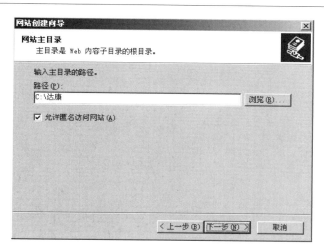

单击"浏览"按钮来选择网站主目录,然后单击"下一步"按钮。

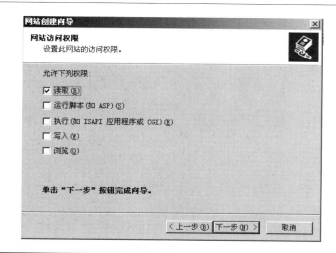

就其默认的"读取"权限设置,然后单击"下一步"按钮,即可完成网站的创建。

161

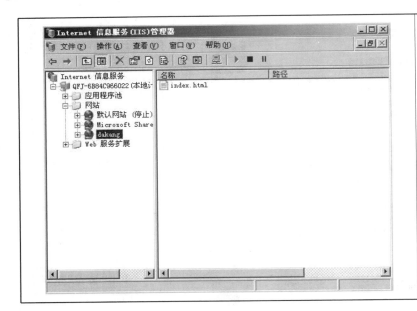

在"Internet 信息服务(IIS)管理器"窗口中,显示了名为"dakang"的 Web 站点。

 友情提示

(1)可以通过 4 种方法来架设多个 Web 站点:

①使用不同的 IP 地址架设。

②使用不同端口号架设。

③使用不同的主机头名架设。

④IIS 6.0 的虚拟主机技术。可以在一台服务器上建立多个虚拟 Web 网站,不同的 Web 网站可以提供不同的 Web 服务,而且每一台虚拟主机和一台独立主机完全一样。该方法适用于企业和组织需要创建多个网站的情况,可以节约成本。

(2)利用 IE 浏览器来连接测试网站有 3 种方法:

①利用 DNS 网址来测试,如 http://www.dakang.com。

②利用 IP 地址,如 http://192.168.232.123/。

③利用计算机名称,如 http://计算机名/。

 二、管理和配置 Web 站点

下面对新建网站的基本属性、主目录、默认文档、权限等属性进行管理和配置。

1.设置网站基本属性

打开"dakang 属性"对话框,选择"网站"选项卡,如下图所示。

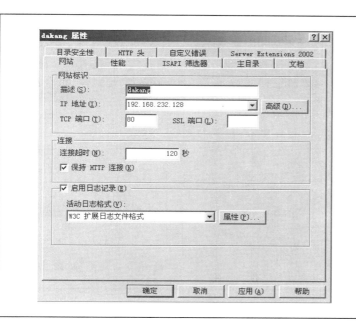

在"网站"选项卡中可设置网站描述、IP 地址、TCP 端口、SSL 端口、连接超时等属性。

本例均选择默认设置。

 【知识窗】

网站基本属性各选项功能:

- "描述":可设置该网站站点的标识,当服务器安装多个 Web 服务器时,用不同名称进行标识可便于管理员区分。
- IP 地址:在下拉列表中指定该 Web 站点唯一 IP 地址,默认值为"全部未分配"。
- "TCP 端口":指定 Web 服务器的 TCP 端口号,默认端口为 80。当端口号更改后,客户端必须知道端口号才能连接到该 Web 服务器。
- SSL 端口:即"Web 服务器安全套接字层",该安全功能利用一种称为"公用密钥"的加密技术,保证会话密钥在传输过程中不被截取。默认端口号为 443。当使用 SSL 加密方式时,用户需通过"http://域名或 IP 地址:端口号"方式访问。
- 连接超时:设置服务器断开未活动用户的时间,默认为激活状态。
- 启用日志记录:表示要记录用户活动的细节,在"活动日志格式"下拉列表框中可选择日志文件使用的格式。

2.设置网站主目录及权限

选择"主目录"选项卡,如下图所示。

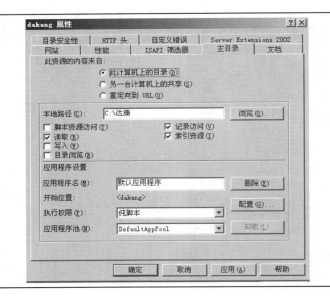

选择"此计算机上的目录"单选项,本地路径为"C:\达康",目录权限默认,执行权限选择"纯脚本",其余各项均为默认设置。

【知识窗】

(1)访问权限功能

● 脚本资源访问:授予此权限将允许用户访问源代码。注意,此权限只有在授予"读取"或"写入"权限时才可用。

● 读取:默认设置,授予此权限将允许用户查看或下载文件或文件夹及其相关属性。

● 写入:授予此权限将允许用户把文件及其相关属性上载到服务器中启用的文件夹,或允许用户更改启用了写入权限的文件的内容或属性。

● 目录浏览:授予此权限将允许用户查看虚拟目录中的文件和子文件夹的超文本列表。

● 记录访问:授予此权限可在日志文件中记录对此文件夹的访问。只有在为网站启用了日志记录时才会记录日志条目。

● 索引资源:授予此权限将允许 Microsoft 索引服务在网站的全文索引中包含该文件夹。授予此项权限后,用户将可以对此资源执行查询。

(2)执行权限功能

● 无:如果不希望用户在服务器上运行脚本或可执行的程序,则选择此设置。

● 纯脚本:单击此设置可在服务器上运行诸如 ASP 程序之类的脚本。

● 脚本和可执行文件:单击此设置可在服务器上同时运行 ASP 程序之类的脚本和可执行程序。

● 应用程序池:选择运行应用程序的保护方式。

3.设置网站默认文档

选择"文档"选项卡,如下图所示。

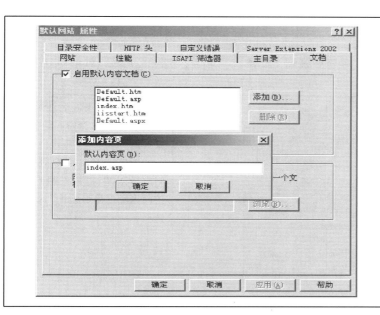

在该选项卡中,可以设置默认文档,即在 Web 浏览器中输入 Web 网站的 IP 地址或域名即显示出 Web 页面,也就是通常所说的主页（HomePage）。

单击"添加"按钮可添加需要的默认文档。

 友情提示

● 可以通过"上移"或"下移"按钮来调整文档的顺序。
● 文档使用顺序是:当第一个文档存在时,将直接把它显示在客户端浏览器上,而不再调用后面的文档;当第一个文档不存在时,则将第二个文件显示给用户,依次类推。
● IIS6.0 默认文档的文件名有:Default. htm,Default. asp,Index. htm,IISstar. htm 和 Default. aspx5 个。

 【做一做】

创建如下站点:

站点 1:站点说明为"测试 1",端口号为 80,IP 地址为 192.168.100.10,主目录为 C:\Test1,默认主页名为 Index. html。

站点 2:站点说明为"测试 2",端口号为 88,IP 地址为 192.168.100.20,主目录为 C:\Test2,默认主页名为 Default. htm。

 三、配置安全站点

虽然创建了 Web 站点,也对其进行了简单的设置,但是为了让网站在整个网络中有一个安全的运行环境,我们还要考虑网站的安全性,下面就通过身份验证、授权访问、权限设置、设置 https 安全连接等方法来设置安全站点。

165

1.设置身份验证

选择"目录安全性"选项卡,单击"编辑"按钮,打开"身份验证方法"对话框,如下图所示。

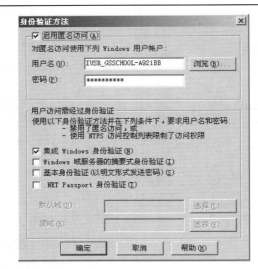

勾选"启用匿名访问"和"集成 windows 身份验证(N)"复选框。

如果需要对用户登录访问进行限制,可以选择"用户访问需经过身份验证"区中的选项。

【知识窗】

身份验证各选项的功能:

- 启用匿名访问:表示任何用户都可以连接网站,不需要输入用户名和密码。所有浏览器都支持匿名验证方法。
- 集成 Windows 身份验证:要求用户输入账户名称和密码,而且用户账户名称和密码在通过网络传送之前,会经过散列处理,因此可以确保安全性。
- Windows 域服务器的摘要式身份验证:只能在带有 Windows 2000/2003 域控制的域中使用。
- 基本身份验证(以明文形式发送密码):要求用户输入账户名称与密码,是一个工业标准,其缺点是用户传送给网站的密码不会被加密。若要使用该验证,则应该配置其他可以确保传送信息安全性的措施,如启动 SSL 连接。使用"基本身份验证"时应不勾选"启用匿名访问",因为 IIS 会先利用匿名方法来验证。

2.设置授权访问

选择"目录安全性"选项卡,单击"编辑"按钮,打开"IP 地址和域名限制"对话框,如下图所示。

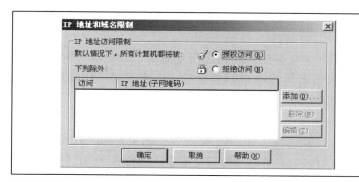

可选择"授权访问"或"拒绝访问"单选项,通过"添加"按钮可让网站允许或拒绝某台或某一群计算机来访问网站。

友情提示

- 合理地设置"授权访问"和"拒绝访问"可以有效提高 WWW 服务器的安全,当服务器只供内部用户使用时,设置适当的"授权访问"IP 地址列表,可以保护服务器不受外部的攻击。
- 要添加一台授权或拒绝访问的计算机,就直接输入该计算机的 IP 地址。若选择"一组计算机"可以用网络标识和子网掩码来选择一组计算机。

3. 设置权限

打开"Internet 信息服务(IIS)管理器"对话框,右键单击"dakang"站点,在弹出的快捷菜单中选择"权限"命令,打开"安全"对话框,如下图所示。需要注意的是 Web 服务器发布的文件目录必须保存在 NTFS 分区内,否则不能设置权限。

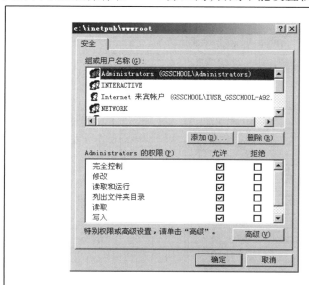

通过"添加","删除"按钮对访问本网站的用户执行添加、删除操作,并针对某个用户进行权限的设置。

在这里将 Administrator 以外的所有用户的权限设置为"读取和运行","列出文件夹目录和读取"权限。

4. 实现 https 安全连接

在默认情况下,用户所使用的 HTTP 协议是没有任何加密措施的,所有的消息全部都是以明文形式在网络上传送的,恶意的攻击者可以通过安装监听程序来获得用户和服务器之间的通讯内容。而对于"达康"公司的网站来说需要一种更加安全的方式建立用户与服务器之间的加密通信,确保所传递信息的安全性。

IIS 的身份认证除了"匿名访问"、"基本验证"和"Windows NT 请求/响应"方式外,还有一种安全性更高的认证,就是通过 SSL(Security Socket Layer)安全机制使用数字证书。

建立了 SSL 安全机制后,只有 SSL 允许的客户才能与 SSL 允许的 Web 站点进行通信,并且在使用 URL 资源定位器时,输入 https://,而不是 http://。

如果 Web 服务器属于活动目录并且活动目录中具有在线的企业证书颁发机构,则可以在配置过程中在线申请并自动安装 Web 服务器证书,否则需要离线申请 Web 服务器证书。下面以离线申请的方式安装并配置 https 安全连接。

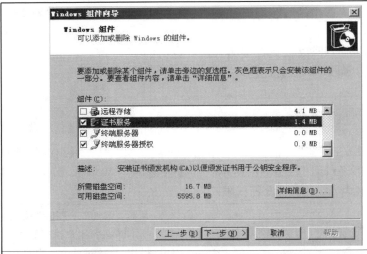	打开"Windows 组件向导"对话框,勾选"证书服务"复选框,单击"下一步"按钮。
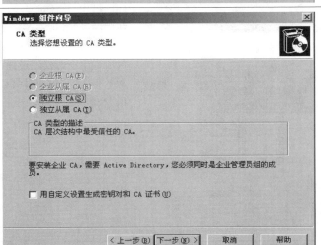	选中"独立根 CA"单选项。然后在下一步中给自己的 CA 起一个名字,最后通过提示向导完成安装。

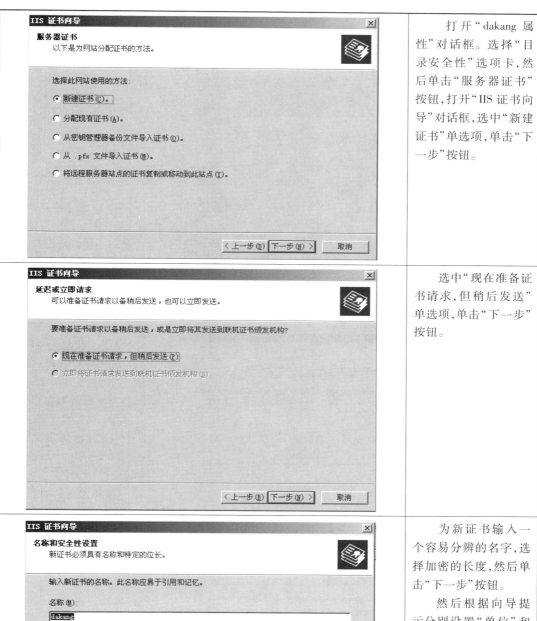

打开"dakang 属性"对话框。选择"目录安全性"选项卡,然后单击"服务器证书"按钮,打开"IIS 证书向导"对话框,选中"新建证书"单选项,单击"下一步"按钮。

选中"现在准备证书请求,但稍后发送"单选项,单击"下一步"按钮。

为新证书输入一个容易分辨的名字,选择加密的长度,然后单击"下一步"按钮。

然后根据向导提示分别设置"单位"和"部门",证书"公用名称"以及"地理信息"。

169

网络操作系统与管理

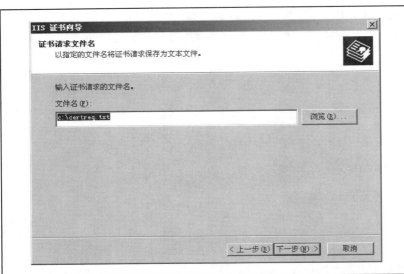

输入证书申请请求保存到的文件名,就其默认设置,单击"下一步"按钮,按向导提示完成 Web 服务器证书的申请。

完成上面的设置后,就要把生成的服务器证书提交给证书服务器。在默认情况下,证书服务器完成安装后会在本地的 IIS 里的 WEB 服务器里面生成几个虚拟的目录。

打开证书颁发机构页 http://localhost/CertSrv/default.asp,选择"申请一个证书"。

选择"高级证书申请"。

170

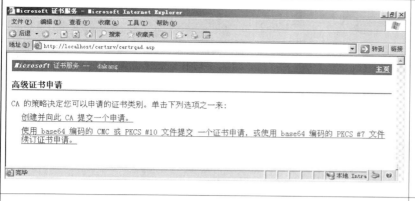

单击"使用 base64 编码的 CMC 或 PKCS# 10 文件提高一个证书申请,或使用 base64 编码的 PKCS#7 文件续订证书申请"。

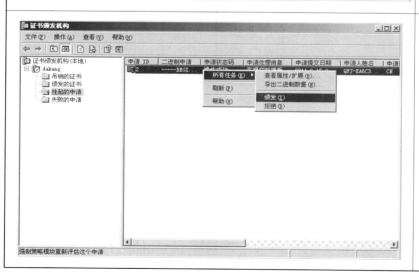

单击"浏览要插入的文件",选择"certreq. txt"文件,最后单击"提交"按钮。

提交后,显示一个证书已经成功提交的信息页面,现在是挂起状态,等待 CA 中心来颁发这个证书了。

启动"管理工具"中的"证书颁发机构",在"挂起的申请"中找到我们刚刚的申请条目,然后右击,在弹出的快捷菜单中选择"所有任务"→"颁发"。

网络操作系统与管理

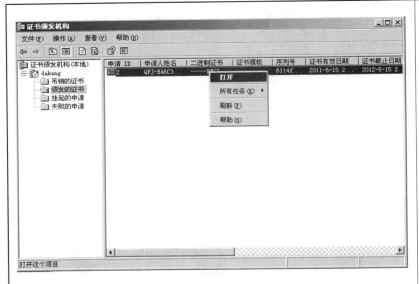

颁发成功后，在"颁发的证书"里右击颁发的证书，在弹出的快捷菜单中选择"打开"命令。

打开"证书"对话框，选择"详细信息"选项卡，单击"复制到文件"按钮。

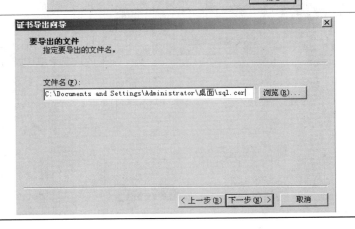

弹出"证书导出向导"对话框，选择导出到桌面，证书名称为"sql.cer"，单击"下一步"按钮，完成证书的导出。

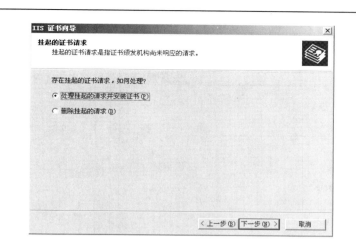

重新打开"dakang属性"对话框,选择"目录安全性"选项卡,单击"服务器证书"按钮。打开"IIS 证书向导"对话框,选择"处理挂起的请求并安装证书",单击"下一步"按钮。

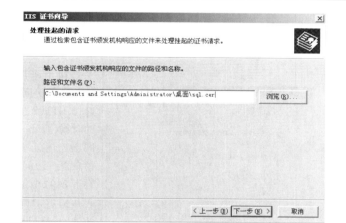

选择"sql.cer"文件,单击"下一步"按钮,根据提示向导来完成 SSL 的安装。

当 Web 站点绑定服务器身份验证证书之后,还允许通过未加密的 HTTP 服务访问 Web站点,如果需要强制Web 站点使用 HTTPS服务,则进行以下配置:在网站属性的"目录安全性"选项卡中,单击"安全通讯"区域中的"编辑"按钮,如左图所示,勾选"要求安全通道(SSL)"和"要求 128位加密"。

173

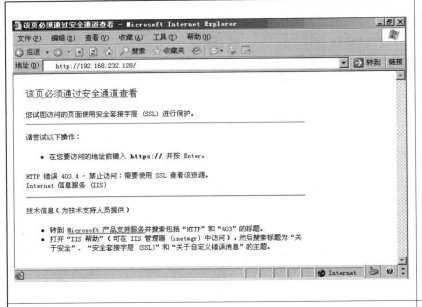

首先通过 HTTP 来访问 Web 站点,提示访问失败,要求必须通过安全通道查看。

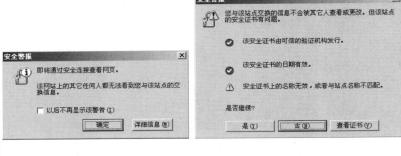

接下来用 HTTPS 服务进行访问,第一次通过 HTTPS 进入站点的时候,弹出一个是否同意当前证书的提示信息框。访问成功后,右下角的小锁标志代表是通过 HTTPS 进行的访问,将鼠标移动到它上面,可以看到现在的加密强度为 128 位。当我们浏览网站时,所有信息在网上都是以加密的方式传送的,任何人都无法再轻易了解其中的内容了。

友情提示

- 在身份验证中,如果除了匿名验证外,同时选择了其他验证方法,则 IIS 会先利用匿名方法来验证用户,当匿名方法无法连接网站时,才会使用其他方法,而且是先选择安全性较高的方法。
- "安全"选项卡中的 Internet 来宾账户就是 IUSR_计算机名。
- 加密过的 SSL 会比没有加密的 Web 浏览要慢一点,因为加密的隧道额外还要占用一点 CPU 的资源。
- 对于那些没有任何秘密可言的 Web 站点不需要加密的 SSL 通道,只有重要的目录和站点才有这个必要性。

任务二　配置 FTP 服务器

　　上传和下载文件是网络上资源共享的主要形式之一,通过 FTP 服务器提供的文件传输服务,你能在网上下载你感兴趣的软件或文档,也可以上传与别人共享的资料。在"达康"公司,可使用 FTP 服务器交换各种事务文档,它是开展无纸化办公的一种重要形式。

　　FTP(File Transfer Protocol)是文件传输协议,它是客户机和服务器之间实现文件传输的标准协议。

　　本任务要求你:

①建立隔离用户 FTP 站点。

②设置 FTP 站点。

 一、建立隔离用户 FTP 站点

　　"达康"公司需要搭建一台 FTP 服务器,每个用户只能访问自己的文件夹,这就需要创建"隔离用户"FTP 站点。

	在 C 盘下创建一名为"达康公司"的文件夹,作为 FTP 站点的主目录。 　　打开"达康公司"文件夹在其下创建一个名为"LocalUser"子文件夹(该子文件夹名称不能随意设置)。

175

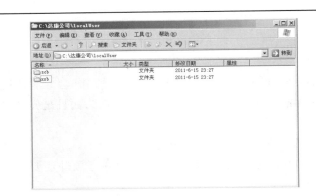

打开"LocalUser"子文件夹，在该窗口下创建"scb"和"xxb"2个子文件夹，分别作为市场部和信息部访问的文件夹。

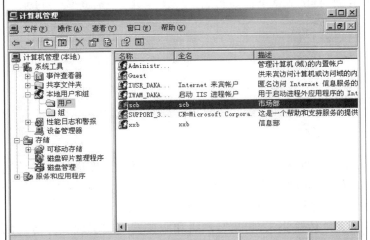

打开"计算机管理"窗口，分别创建"scb"和"xxb"两个用户，它的名称一定要与 LocalUser 文件夹内子文件夹的名称相同。

打开"scb"文件夹的"属性"对话框，在"安全"选项卡中，添加"scb"用户，勾选"写入"权限。再为"××b"执行相应操作。

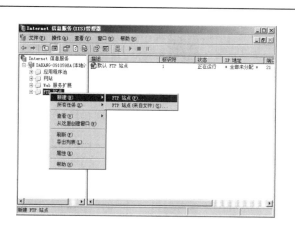

打开"Internet 信息服务
（IIS）管理器"对话框，右击
"FTP 站点"，在弹出的快捷菜
单中选择"新建"→"FTP 站
点"。

然后根据提示向导设置
站点描述为"dakang"，IP 地址
和 TCP 端口与 Web 站点基本
相同。

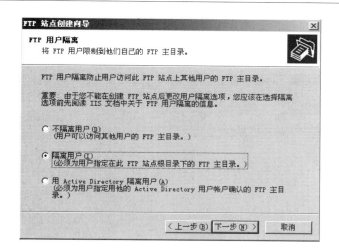

选择"隔离用户"，单击
"下一步"按钮。

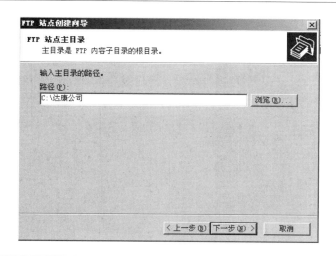

选择"C:\达康公司"为
FTP 主目录，单击"下一步"
按钮。

177

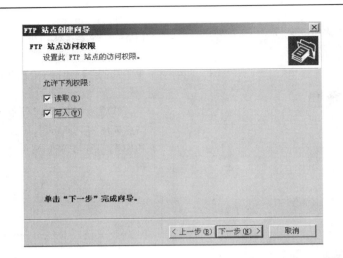

设置访问权限为"读取"和"写入",单击"下一步"按钮,完成 FTP 站点的创建。

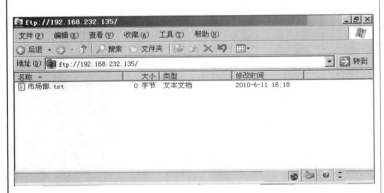

在 IE 浏览器的"地址栏"中输入:ftp://ftp 站点主机名或 ftp 站点计算机 ip 地址/。左图为"scb"用户访问的结果。

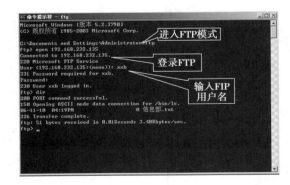

也可通过命令方式,先打开"命令提示符",左图为"xxb"用户命令方式访问 FTP。

友情提示

- FTP 站点所在文件目录必须是 NTFS 分区。
- 如果我们仍然希望架设成功的具有隔离用户功能的 FTP 站点具有匿名登录功能的话，那就必须在"LocalUser"文件夹窗口中创建一个"Public"子目录。以后访问者通过匿名方式登录进 FTP 站点时，只能浏览到"Public"子目录中的内容。

【知识窗】

(1)3 种隔离方式的含义及作用

- 不隔离用户：FTP 默认模式，该模式不启用 FTP 用户隔离。使用这种模式时，FTP 客户端用户可以访问其他用户的 FTP 主目录。这种模式适合于只提供共享内容下载功能的站点，或者不需要在用户间进行数据保护的站点。
- 隔离用户：使用这种模式时，所有用户的主目录都在单一 FTP 主目录下，每个用户均被限制在自己的主目录中，用户名必须与相应的主目录相同，不允许用户浏览除自己主目录之外的其他内容。
- 用 Active Directory 隔离用户：使用这种模式时，服务器必须安装 Active Directory。这种模式根据相应的 Active Directory 验证用户凭据，为每个客户指定特定的 FTP 服务器，以确保数据的完整性和隔离性。

(2)FTP 命令详解

FTP 的命令行格式为：ftp-v-d-i-n-g［主机名］，其中

- -v 显示远程服务器的所有响应信息；
- -n 限制 ftp 的自动登录；
- -d 使用调试方式；
- -g 取消全局文件名。

(3)登录 FTP 服务器在"命令提示符"窗口中，在光标处输入：ftp，敲回车键会出现 ftp＞，表明进入 FTP 模块

连接 FTP 服务器：ftp＞open 主机名或 IP 地址（回车）

稍等片刻，屏幕提示连接成功：ftp＞connected to 主机名或 IP 地址

接下来服务器询问用户名和口令，分别输入用户名（匿名账户为"anonymous"）和密码（匿名用户不用密码），待认证通过即可。

(4)上传文件

若要把 G:\index. html 文件上传至服务器的根目录中，可以键入：

ftp＞put a:\index. html（回车）

当屏幕提示你已经传输完毕，可以输入相关命令查看：

ftp＞dir（回车）

（5）下载文件

若要把服务器 images 目录中的所有 .jpg 文件传至本机中，可以输入指令：

ftp＞cd images（回车）［注：进入 images 目录］

ftp＞mget ＊.jpg

（6）中断连接

上传与下载工作完毕，输入 bye 命令可中断连接。

ftp＞bye（回车）

【做一做】

请你为"达康"公司创建一个满足如下要求的 FTP 站点。①所有用户都能在 FTP 站点下读取公司信息；②市场部，信息部，设计部分别只能访问自己部门的目录，并可以在自己部门目录下进行文件的修改以及添加。

二、设置 FTP 站点

打开"Internet 信息服务（IIS）管理器"窗口，展开到"FTP 站点"，右键单击"dakang"站点，在弹出菜单中选择"属性"命令，弹出"dakang 属性"对话框，在其中可管理和配置 FTP 站点。

1.设置基本属性

在"dakang 属性"对话框中，选择"FTP 站点"选项卡，如下图所示。

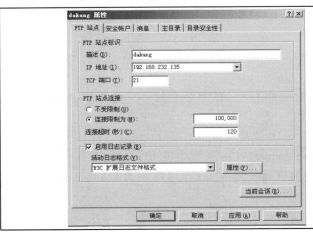

在"FTP 站点"选项卡中，可以为该站点设置 IP 地址，TCP 端口，连接限制等基本属性，在此全部选择默认设置。

2.设置访问方式

选择"安全账户"选项卡，如下图所示。

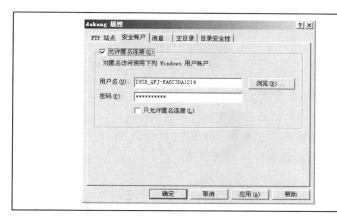

在默认情况下,FTP站点允许用户匿名连接,即所有用户都能访问FTP站点。

如果勾选"只允许匿名连接"复选框,则表示只能匿名访问,而其他用户都不能访问。

全部选择默认设置。

3. 设置主目录及权限

选择"主目录"选项卡,如下图所示。

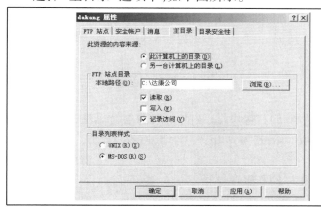

可以设置FTP站点目录所在地,FTP站点的权限以及目录样式列表。

全部选择默认设置。

4. 设置授权或拒绝访问

选择"目录安全性"选项卡,如下图所示。

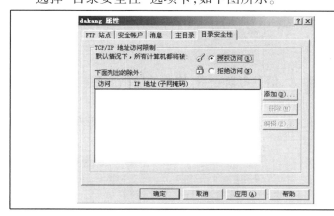

可以设置FTP站点的IP地址访问限制,该设置与Web网站设置非常相似。

【知识窗】

(1)3 种权限的功能

● "读取":用户拥有读取或下载此站点下的文件或目录的权限。

● "写入":允许用户将文件上载至此 FTP 站点目录中。

● "日志访问":如果此 FTP 站点已经启用了日志访问功能,选择此项,则用户访问此站点文件的行为就会以记录的形式被记载到日志文件中。

(2)FTP 站点连接各选项的作用

● 不受限制:不限制连接数量,适用于服务器配置和网络带宽都较高的情况,或者 FTP 服务仅为企业网络内部提供访问服务。

● 连接限制为:限制同时连接到该站点的连接数量,可指定该 FTP 站点所允许连接的最大数值。

● 连接超时:设置服务器断开未活动用户的时间(以秒为单位),从而确保及时关闭失败的连接,及时释放系统性能和网络带宽,减少无谓的系统资源和网络资源浪费。默认连接超时为 120 s。

友情提示

● 如果修改了默认的 FTP 端口,应当告知 FTP 客户端,否则访问请求将无法连接到该 FTP 服务器。更改 FTP 端口号后的访问格式为:http://IP 地址或 FTP 站点名称:更改后的端口号。

● "TCP 端口"文本框不能置为空,必须为 FTP 服务器指定一个端口号。

● 仅仅在 FTP 站点中设置访问权限是不够的,同时还必须在 Windows 资源管理器中为 FTP 根目录设置 NTFS 文件夹权限。NTFS 权限优先于 FTP 站点权限。

任务三　配置 E-mail 服务器

"达康"公司内各部门间信息交流流量大、信息更新频繁,传统的信息传送和交流方式已经不能满足达康公司内部信息传递和更新的需要。因此,公司内部应搭建一个邮件服务器系统,从而实现信息广播、信息表现多样化、信息分级分类管理、信息发送和更新高效准确。本任务要求你:

①配置邮件服务器;

②创建设置邮箱账号及配额;

③配置邮件客户端。

一、配置邮件服务器

1. 配置 SMTP 服务器

SMTP(Simple Mail Transfer Protocol)即简单邮件传输协议,它是一组用于由源地址到目的地址传送邮件的规则,由它来控制信件的中转方式。SMTP 协议属于 TCP/IP 协议族,它帮助每台计算机在发送或中转信件时找到下一个目的地。通过 SMTP 协议所指定的邮件服务器,就可以把电子邮件寄到收信人的邮件服务器上。在"管理工具"中打开"默认 SMTP 虚拟服务器属性"对话框,在其中可配置 SMTP 服务器。

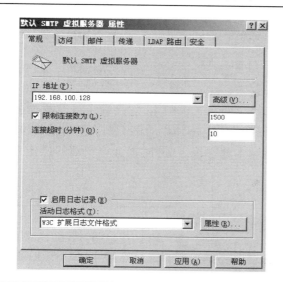

在"常规"选项卡中,设置 SMTP 服务器的 IP 地址为本机 IP 地址,其余选项默认。

"邮件"选项卡中可设置发送邮件的大小、收件人数量、每个连接的邮件数等。所有选项均默认设置。

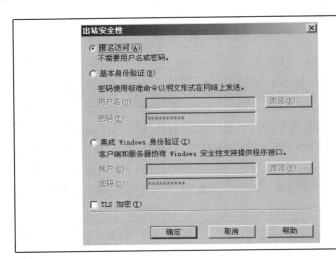

单击"传递"选项卡中, 单击"出站安全性"按钮可对邮件接收和发送时的安全性做进一步详尽设置。

2. 配置 POP3 服务器

POP3(Post Office Protocol 3)即邮局协议的第 3 个版本,它是规定计算机如何连接到邮件服务器进行收发邮件的协议,也是因特网关于电子邮件的第 1 个离线协议标准。POP3 协议允许用户从邮件服务器上把邮件存储到本地主机上,同时根据客户端的操作来决定删除或保存在邮件服务器上的邮件。

(1)创建邮件域

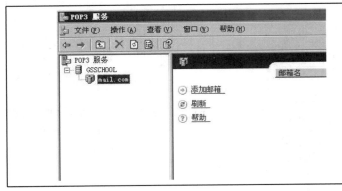

在"管理工具"中,打开"POP3 服务"控制台窗口,右键单击"GSSCHOOL",在弹出的快捷菜单中选择"新建"→"新域",弹出"添加域"对话框。在"域名"栏中输入邮件服务器的域名,也就是邮件地址"@"后面的部分,如"mail.com",单击"确定"按钮。

(2)创建用户邮箱

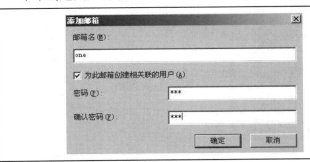

选中刚才新建的"mail.com"域,在右窗口中单击"添加邮箱",弹出"添加邮箱"对话框。在"邮箱名"栏中输入邮箱用户名,然后设置用户密码,最后单击"确定"按钮,完成邮箱的创建。

邮箱名	邮箱大小	消息	状态
one	0 KB	0	已解锁
two	0 KB	0	已解锁

左图为创建好邮箱后的画面，这里创建了"one"，"two"两个邮箱。

【做一做】

（1）通过 IIS 管理器管理 SMTP，具体设置 SMTP 服务器的 IP 地址、邮件发送设置、安全选项等。

（2）通过 POP3 服务器建立电子邮件域，并在不同的电子邮件域中设置相应的邮箱。

二、邮箱配额设置

在 POP3 邮件服务系统中，没有提供专门的用户邮箱配置功能，但用户邮箱大小可以通过用户磁盘配额来实现限制，提供配额的磁盘分区必须是 NTFS 格式可以使用磁盘配额来控制和限制邮件服务器上个人邮箱所使用的磁盘空间，这样可以确保单个邮箱（通常也能确保邮件存储区）不会占用过多的或无法预计的磁盘空间。否则，将对运行 POP3 服务的服务器性能产生不利影响。

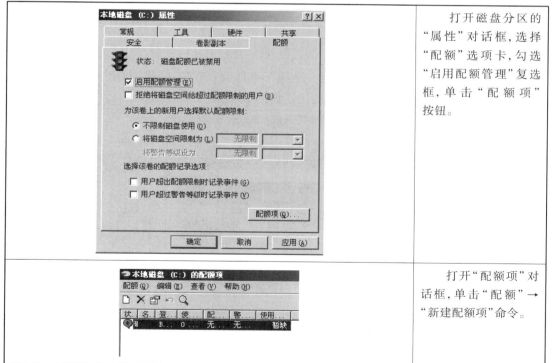

打开磁盘分区的"属性"对话框，选择"配额"选项卡，勾选"启用配额管理"复选框，单击"配额项"按钮。

打开"配额项"对话框，单击"配额"→"新建配额项"命令。

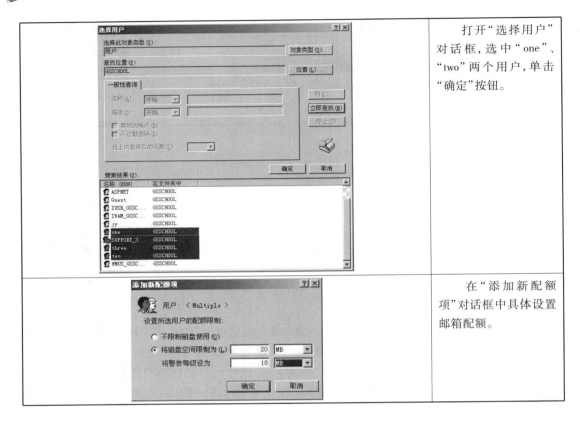

打开"选择用户"对话框,选中"one"、"two"两个用户,单击"确定"按钮。

在"添加新配额项"对话框中具体设置邮箱配额。

三、配置邮件客户端

Outlook Express 是 Windows 自带的一个电子邮件管理软件,简称为 OE。Outlook Express 建立在开放的 Internet 标准基础之上,适用于任何 Internet 标准系统。

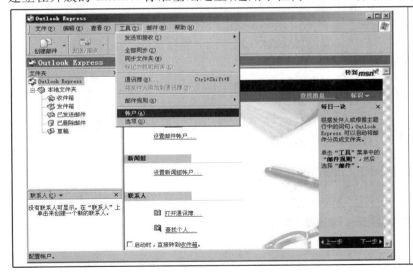

在客户机上运行 Outlook Express,选择"工具"→"账户"命令。

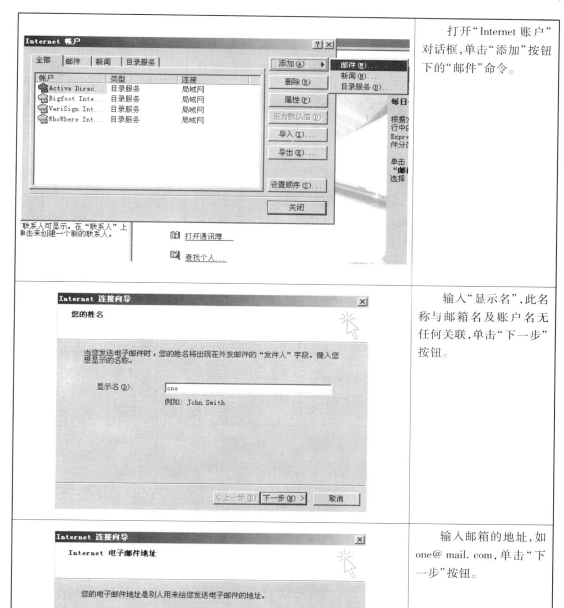

打开"Internet 账户"对话框，单击"添加"按钮下的"邮件"命令。

输入"显示名"，此名称与邮箱名及账户名无任何关联，单击"下一步"按钮。

输入邮箱的地址，如 one@ mail. com，单击"下一步"按钮。

187

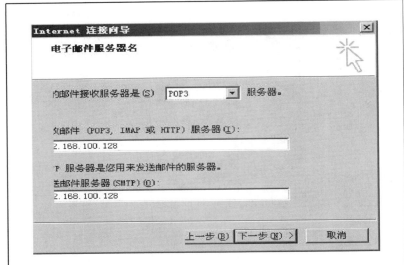

输入邮件服务器的 IP 地址。这里要注意的是，如果 DNS 服务器中添加了相应的邮件服务器记录，这里还可以用邮件服务器的完整域名来代替 IP 地址。然后单击"下一步"按钮。

输入账户名和密码，单击"下一步"按钮，完成账户的创建。

接下来，用同样步骤创建另一个账户 two。

在 one 和 two 两个账户之间进行测试。在客户机上重新打开 Outlook Express，会自动弹出"账户登录"对话框。

首先登录 one 账户，输入账号名和密码，单击"确定"按钮，打开 OE 窗口。

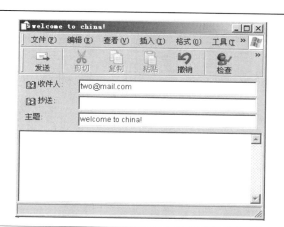

单击工具栏中的"创建邮件"按钮,弹出编写邮件的窗口,按左图所示设置好各项后最后单击"发送"按钮。

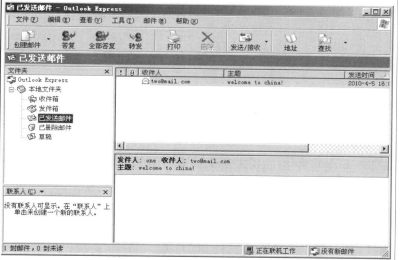

在左窗口中单击"已发送邮件",则在"收件人"列表中看到发送给 two 的邮件"welcome to china!"。

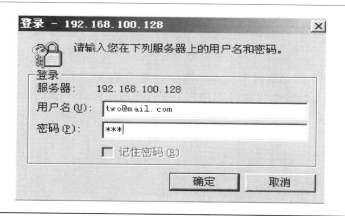

在客户机上重新打开 Outlook Express,登录 two 账户。

189

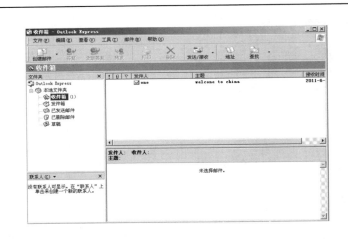

在左窗口中单击"收件箱",在"发件人"列表中看到,来自 one 的邮件"welcome to china!"已经收到。

 友情提示

- 如果在身份验证时使用"明文身份验证","账户名"文本框中应输入"账户名@ 电子邮件域名";如果验证时使用"安全密码身份验证","账户名"文本框中输入"账户名"即可。
- 用户给一个陌生地址回复 E-mail,依据的是来信中的发件邮箱地址。在许多情况下,你给不同用户发 E-mail 时要使用某个特定的邮箱,要想临时改变发件邮箱比较麻烦,如果你使用的是 OutLook Express,那就方便多了。选择 OE 窗口中的"工具"→"账号"命令,打开"Internet 账号"对话框。在"邮件"选项卡中选中你发 E-mail 时要使用的那个邮箱账号,然后单击"设置为默认值"按钮。此后,你发出的所有 E-mail 均带有这个邮箱的地址。

 【做一做】

(1)建立 3 个邮箱,并用这 3 个邮箱通过 OutLook Express 相互收发电子邮件。

(2)比较使用 OutLook Express 收发电子邮件和使用 QQ 收发电子邮件的异同,各有什么优点和缺点?

任务四　配置打印服务器

达康公司计划将公司内部的一台打印机设置为网络共享打印机,从而在整个公司局域网内实现共享打印并且实现 Web 打印。本任务要求你：
　　①配置网络打印机；
　　②实现 Web 打印服务；
　　③管理打印服务。

 一、配置网络打印机

　　若要提供网络打印服务,必须先将打印机连接的计算机安装为打印服务器,安装并设置共享打印机,然后再为不同操作系统安装驱动程序。

　　打印服务器安装成功后,即可在客户端安装网络共享打印机。网络共享打印机的安装与本地打印机的安装过程非常相似,都需要借助"添加打印机"向导来完成。在安装网络打印机时,在客户端不再需要单独安装驱动程序。

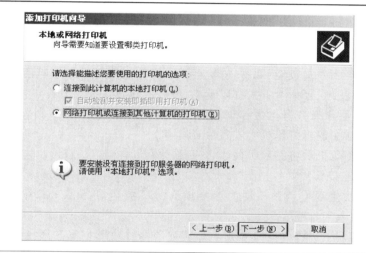

在局域网客户端上选择"开始"→"设置"→"打印机与传真",启动"添加打印机向导"对话框。

选择"网络打印机或连接到另一台计算机的打印机",然后单击"下一步"按钮。

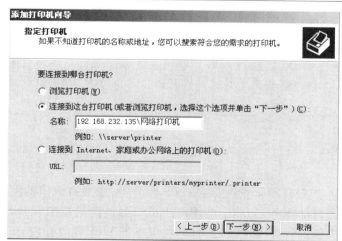

选择"连接到这台打印机",然后在"名称"框中输入打印机位置,其格式为:\\"打印机名称"或"IP 地址"\"打印机共享名",然后单击"下一步"按钮。

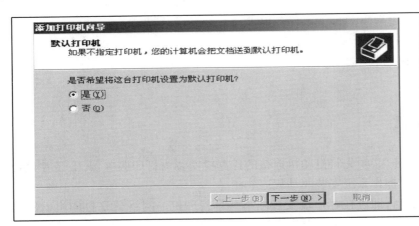

选择"是"单选项，可设置为默认打印机，单击"下一步"按钮完成客户端打印机的安装。

【知识窗】

(1)打印服务器的相关知识

- 打印设备：实际执行打印的物理设备，可分为本地打印设备和带有网络端口的打印设备。根据使用的打印技术，可分为针式打印设备，喷墨打印设备和激光打印设备。
- 打印机：即逻辑打印机，打印服务器上的打印接口。当发出打印作业时，作业在发到实际的打印设备之前，则在逻辑打印机上进行后台打印。
- 打印服务器：连接本地打印机并将打印机共享出来的计算机系统。

(2)网络中共享打印机的连接模式

- 在网络中共享打印机时，主要有两种不同的连接模式，即"打印服务器＋打印机模式"和"打印服务器＋网络打印机"模式。
- "打印服务器＋打印机"模式就是将一台普通打印机安装在打印服务器上，然后通过网络共享该打印机，供局域网中的授权用户使用。打印服务器即可以由普通计算机担任(网络规模小)，也可以由专门的打印服务器担任(网络规模大)。
- "打印服务器＋网络打印机"模式是将一台带有网卡的网络打印设备通过网线联入局域网，给定网络打印设备的 IP 地址，使网络打印设备成为网络上一个不依赖于其他 PC 的独立节点，然后在打印服务器上对该网络打印设备进行管理，用户就可以使用打印机进行打印了。

二、实现 Web 打印服务

在 Windows Server 2003 中，如果打印服务器安装了 IIS 服务器，则拥有权限的网络用户就可以通过 IE 等浏览器来管理打印服务器，域中的用户也可以通过浏览器来安装打印机、管理自己打印的文档等，这种方便的管理模式就是"打印机服务器 Web 接口管理方式"。实现 Web 打印需要在 IIS 里面安装"Internet 打印"。

…

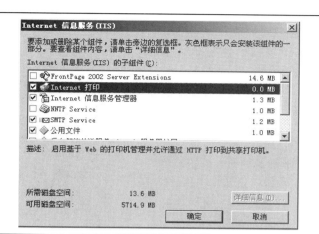

打开"Internet 信息服务(IIS)"对话框，勾选"Internet 打印"复选框，通过提示向导完成安装。

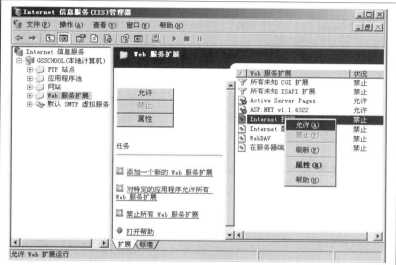

在"管理工具"中打开"Internet 信息服务(IIS)管理器"对话框，右键单击"Web 服务扩展"，右键单击"Internet 打印"，在弹出的快捷菜单中选择"允许"命令。

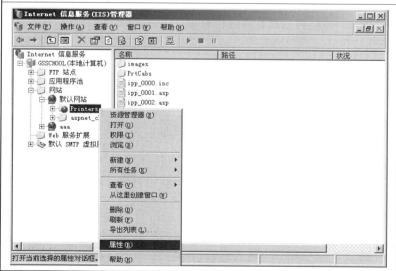

展开"默认网站"，右键单击"Printers"，在弹出的快捷菜单中选择"属性"命令。

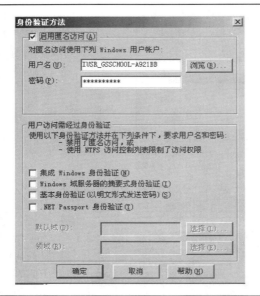

打开"Printers"属性对话框,选择"目录安全性"选项卡,单击"编辑"按钮。

弹出"身份验证方法"对话框,勾选"启用匿名访问"复选框,然后单击"确定"按钮。这时就可以实现 Web 打印了。

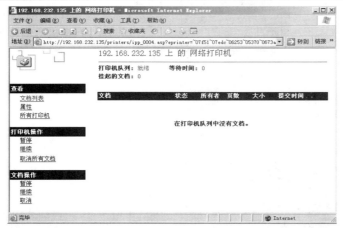

在客户端打开"IE"浏览器,在地址栏中输入"http://打印服务器 IP 地址(或打印服务器计算机名)/共享打印机名",如"http://192.168.232.135/网络打印机",然后按回车键,即可进入 Web 打印主界面,实现 Web 打印操作。

 友情提示

- 使用 Internet 打印时,可以通过 Web 浏览器来打印或管理文档。在基于 Windows Server 2003 的计算机上,当用户安装 Microsoft Internet 信息服务(IIS),然后通过 "IIS 安全锁定向导"启用 Internet 打印时,Internet 打印会自动启用。
- 可以通过浏览器来管理打印服务器上的任何共享打印机。
- 在打印机网页上单击"连接"时,服务器会生成一个包含相应打印机驱动程序文件的 .cab 文件,并将其下载到客户端计算机。安装的打印机显示在客户端的 Printers 文件夹中。

三、管理打印服务

在打印服务器上安装共享打印机后,可通过设置打印机的属性来进一步管理打印机,如设置打印优先级、打印机池、打印权限等。

1. 设置打印优先级

打开"网络打印机　属性"对话框,选择"高级"选项卡,如下图所示。

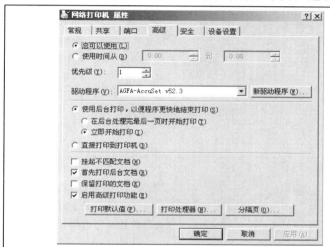

设置打印优先级。如果两个以上逻辑打印机都与同一打印设备相关联,则Windows Server 2003 操作系统首先将优先级最高的文档发送到该打印设备。

注意,应该确保不同类型的用户和组分别拥有不同优先级的打印机访问权限。

2. 设置打印机池

选择"端口"选项卡,如下图所示。

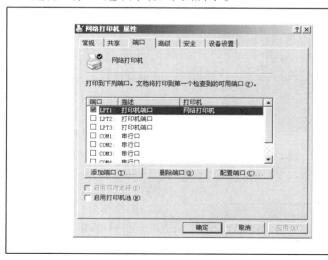

当用户将打印文档送到打印服务器时,打印服务器会决定该文档送到打印机池中的哪一台空闲打印机上。

如果有两台以上物理打印机,则需要选择打印机端口。

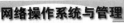
3.打印机权限设置

选择"安全"选项卡,如下图所示。

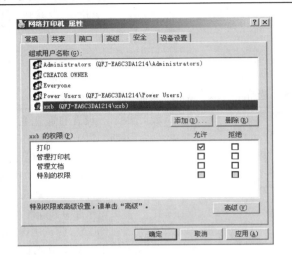

打印机被安装到网络中后,系统会为它指派默认的打印机权限,该权限允许所有用户打印,并允许选择组来对打印机、发送给它的文档或这二者加以管理,所以就需要通过指派特定的打印机权限,来限制某些用户的访问权。

如为"xxb"用户添加"打印"权限。

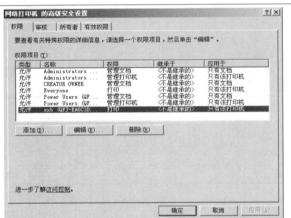

单击"高级"按钮,打开"高级安全设置"对话框。

在默认情况下,打印机的所有者是安装打印机的用户,如果这个用户不能管理打印机,就应由其他用户获得所有权,以便管理这台打印机。

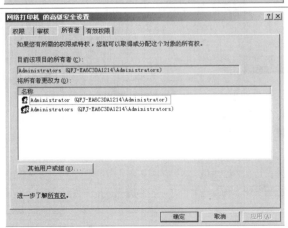

选择"所有者"选项卡,在"目前该项目的所有者"框中显示出当前打印机所有者的组。

若想更改所有者,在"将所有者更改为"框中选择需要成为打印机所有者的组或用户即可。若没有需要的用户或组,则可单击"其他用户或组"按钮进行选择。

友情提示

- 打印机池中的所有打印机必须使用相同的驱动程序。由于用户不知道指定的文档由打印机池中的哪一台打印设备打印,因此应确保打印机池中的所有打印设备位于同一位置。
- 打印机的所有权不能从一个用户指定到另一个用户,只有当原具有所有权的用户无效时才能指定其他用户。但是 Administrator 可以把所有权制指定给 Administrators 组。
- 当给一组用户指派了多个权限时,将应用限制性最少的权限。但是,应用了"拒绝"权限时,它将优先于其他任何权限。
- 在默认情况下,"打印"权限将指派给 Everyone 组中的所有成员,用户可以连接到打印机并将文档发送到打印机。

 【知识窗】

(1)打印机的 3 种等级的打印安全权限(由高到低)

- 管理打印机权限:用户可执行与"打印"权限相关联的任务,并且具有对打印机的完全管理控制权。在默认情况下,该权限将指派给 Administrators 组,域控制器上的 Print Operator 以及 Server Operator。
- 管理文档权限:用户可以暂停、继续、重新开始和取消由其他所有用户提交的文档,还可以重新安排这些文档的顺序。但无法将文档发送到打印机或控制打印机状态。默认情况下,该权限将指派给 Creator Owner 组的成员。
- 拒绝权限:在前面为打印机指派的所有权限都会被拒绝,用户将无法使用或管理打印机,或者更改任何权限。

(2)以下用户或组成员能够成为打印机的所有者

- 由管理员定义的具有管理打印机权限的用户或组成员。
- 系统提供的 Administrators 组、Print Operator 组、Server Operator 组和 Power Users 组的成员。

 【做一做】

公司有两台打印机分别名为"打印机 1"和"打印机 2",现在要求将两台打印机连接在一台计算机上并将该计算机配置为打印服务器,要求如下:

①将两台打印机分别共享为"办公室 A"和"办公室 B"。

②"办公室 A"为"LPT 端口","办公室 B"为"LPT2"端口。

③设置"办公室 A"的优先级为"1","办公室 B"的优先级为"2"。

④将"Power Users 组"的成员设置为"办公室 B"的所有者。

任务五　配置流媒体服务

"达康"公司计划搭建一个流媒体服务器,让公司员工可以在闲暇时通过流媒体服务看视频、听音乐。而且公司管理层能通过流媒体服务进行视频会议。本任务要求你:

①创建配置发布站点及类型;

②测试流媒体服务;

③使用 Windows Media 编码器制作流式文件。

一、创建配置发布站点及类型

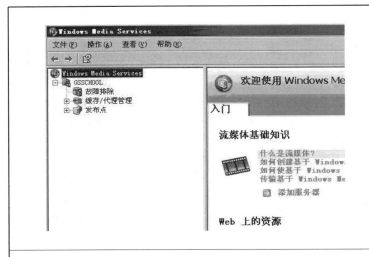	打开"管理你的服务器",选择管理"此流式媒体服务器",如左图所示。 右键单击"发布点",在快捷菜单中选择"添加发布点(向导)",打开"添加发布点向导"对话框。
	在"名称"文本框中输入发布点名称,注意名称的特殊要求。单击"下一步"按钮。

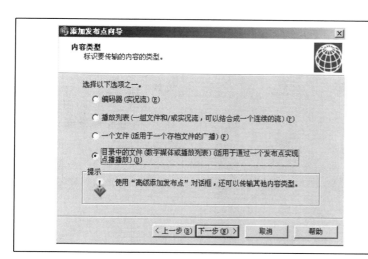

这里应根据流媒体服务器具体情况选择要发布的文件。选择"目录中的文件"，单击"下一步"按钮。

1. 创建点播发布点

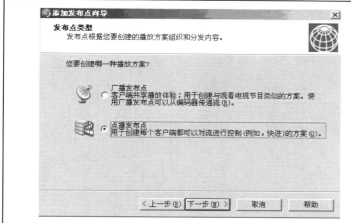

选中"点播发布点"单选项，单击"下一步"按钮。

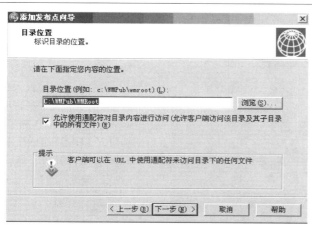

单击"浏览"按钮，选择服务器上流媒体文件存放的目标位置，单击"下一步"按钮。

199

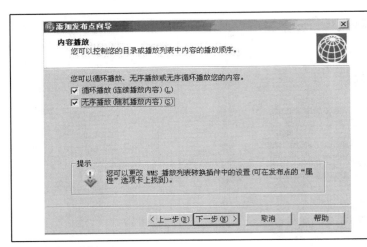

设置流媒体文件的播放模式,可勾选"循环播放"和"无序播放"复选框,也可以任选其一。

单击"下一步"按钮。到此,点播流媒体发布点创建成功。

2. 创建广播发布点

右键单击"发布点",在弹出的快捷菜单中,选择"添加发布点(高级)"命令,打开"添加发布点"对话框。

在"发布点类型"中选中"广播"单选项。

在"发布点名称"框中输入广播发布点名称,如"guanbo"。

在"内容的位置"框中输入流媒体文件的路径,如"C:\wmroot\"。或者单击"浏览"按钮,在"浏览"对话框中选择流媒体文件的路径,最后单击"确定"按钮。

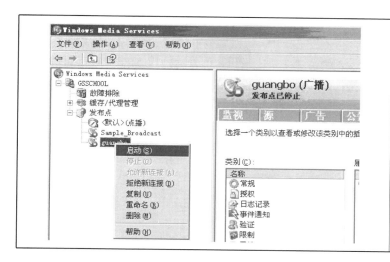

如左图所示,广播发布点"guangbo"创建成功。右键单击"guangbo",在弹出的快捷菜单中选择"启动"命令,该广播发布点才可以为客户提供流媒体服务。

【做一做】

(1)在 Windows Server 2003 上安装流媒体服务器,并且分别设置点播发布点"dianbo",广播发布点"guangbo"。

(2)在客户机上利用 Web 方式和播放器方式测试安装好的流媒体服务器。

二、测试流媒体服务

流媒体服务器安装配置完成后,应针对不同的网络状况、服务器具体性能、客户具体需求等进行相应的测试,以保证流媒体服务器能正常稳定的工作。

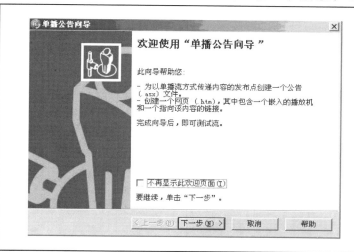

创建好点播发布点后,Windows Media Services 会自动打开"单播公告向导"对话框,如左图所示。

单击"下一步"按钮,准备测试流媒体服务。

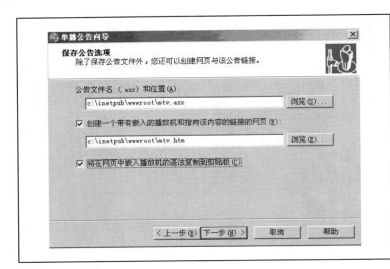

设置公告的类型。

公告文件名在本机的播放器上测试。

勾选"创建一个带有嵌入的播放机和指向该内容的链接网页"复选框,它将模拟网页浏览环境。

单击"下一步"按钮,系统开始测试流媒体服务。

【想一想】

通过"单播公告向导"测试流媒体服务器和在客户机上利用播放器测试流媒体服务器,这两种方法有什么区别和联系?

三、使用 Windows Media 编码器制作流式文件

一个完美的流媒体服务器除能够提供稳定高速及时的流媒体服务外,为客户提供的多媒体文件还应满足视频清晰度高、音频质量好、格式兼容性优良等要求。因此,我们必须掌握用 Windows Media 编码器制作流式文件。

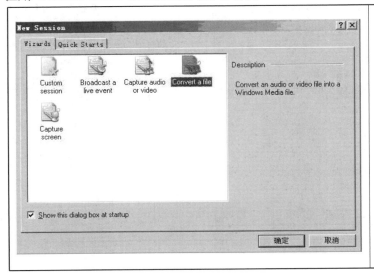

打开编码器,在向导对话框中选择"Convert a file(转换文件)",单击"确定"按钮。

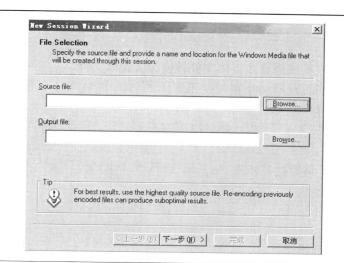

在"Source file"中选择将要
转换的多媒体文件，在"Output
file"中设置转换好的流媒体文
件存放的路径，单击"下一步"
按钮。

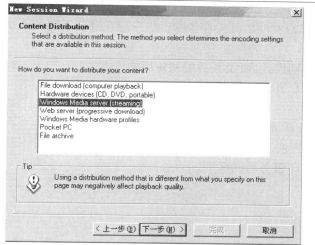

选择流媒体文件的具体格
式，单击"下一步"按钮。

选择流媒体文件的解码率，
单击"下一步"按钮，编码器开始
进行转换。

网络操作系统与管理

【做一做】

（1）在计算机上安装编码器，将视频或声音多媒体文件转换为流媒体文件。

（2）利用编码器转换流媒体文件时，对同一个视频使用不同的解码率，比较不同的解码率下其转换好的流媒体文件有何不同？

学习评价

（1）怎样配置安全的 Web 站点？请简述其步骤。

（2）简述流媒体的各种传输协议。

（3）怎样对打印服务器进行管理？

（4）怎样设置邮箱配额？

（5）列举 IIS 提供的 5 种默认文档类型。

（6）比较 POP3 服务提供 3 种不同的身份验证的相同点以及不同点？

（7）如何创建多个不同的 Web 站点？写出其操作步骤。想一想在登陆不同 Web 站点时有哪些应注意的地方？

（8）简述网络中共享打印机的不同模式，以及其功能和使用的地方。

（9）简述 FTP2 种隔离方式的含义、作用以及其使用的地方。

（10）简述点播与广播。

（11）可以通过哪几种方法访问 FTP 服务器？

（12）简述架设多个 Web 网站的方法。

（13）简述打印机、打印设备和打印服务器的区别。

（14）配置网络信息服务器。

①实训目的。

掌握 Web 服务器的配置与使用。

掌握在一台服务器上架设多个 Web 网站的方法。

掌握 FTP 服务器的配置与使用。

②实训环境及网络拓扑。

● 实训环境

服务器一台。

测试用 PC 至少一台。

交换机或集线器一台。

直连双绞线（由连接计算机而定）。

● 网络规划及要求

为了使 Web 服务与 DNS 服务有机结合，并且尽可能的利用现有计算机资源，可以将 Web 和 DNS 服务器安装在同一台计算机上。Web 服务器的计算机名为 Server1，IP 地址为 192.168.100.1。为便于测试，至少需要一台 PC，在 Server1 上安装 IIS 后，可以通过 PC 来进行测试。

本次实训要完成虚拟目录、TCP 端口、多主机头等各种情况下的站点发布，首先要将所

204

用的域名和 IP 地址统一规划好。

网络规划如下：

计算机名：Server1 IP 地址：192.168.100.1/30

第一个域名：gsschool.com

Web 主站点：www.gsschool.com 对应主目录：d:\myweb

FTP 主站点：ftp.gsschool.com 对应主目录：d:\ftp

第二个域名：gszg.net

主站点：www.gszg.net 对应主目录：d:\gszg

虚拟目录：www.gszg.com/bbs 对应主目录：d:\bbs

站点 1：www.gsschool.com:8080 对应主目录：d:\8080

站点 2：www..gszg.com:8090 对应主目录：d:\8090

管理 Windows Server 2003 网络

模块概述

网络发展到一定阶段,必然要考虑到网络性能、网络故障与网络安全性问题。只有通过运用网络分析技术对网络流通数据的清晰认识,才能为排查故障、提升性能,以及解决网络安全提供可靠的数据依据。Windows Server 2003 提供了强大的网络管理功能,可以让网络管理员轻松地解决网络中的问题。在完成本模块后,你将能够:

◆使用终端服务实现远程管理

◆排除 Windows 网络常见问题

任务一 使用终端服务实现远程管理

终端服务（Terminal Services）是一个客户端/服务器应用程序,由一项运行在 Windows Server 2003 计算机上的服务和一个可以在多种客户端硬件设备上运行的客户端程序组成。Terminal Services 可使所有的操作系统的功能、客户端应用程序的执行,数据处理以及数据存储在服务器上进行,它还提供有通过终端仿真软件对服务器桌面的远程访问。

为了方便管理网络,"达康"公司计划安装终端服务器,以便于网络管理员对网络进行日常维护。本任务要求你:

①使用 Web 远程管理服务器;

②安装终端服务;

③为远程管理配置终端服务;

④安装配置终端服务客户。

一、使用 Web 远程管理服务器

"达康"公司的网络基于 Windows Server 2003 系统,使用其自带的 Web UI 可以轻松实现远程维护。Web UI（Web User Interface, Web 用户界面）是 Web 远程管理服务。使用该服务,网络管理员通过 IE 浏览器就可以对服务器进行管理。Web UI 远程管理组件集成在 IIS 6.0 中,需要用户手动安装。

1. 在 IIS 6.0 中安装 Web 远程管理组件

万维网服务 ⊠ 要添加或删除某个组件,请单击旁边的复选框。灰色框表示只会安装该组件的一部分。要查看组件内容,请单击"详细信息"。 万维网服务 的子组件(C): ☐ 🗐 Active Server Pages　　　　　　0.0 MB ☐ 🗐 Internet 数据连接器　　　　　　0.0 MB ☐ 🗐 WebDAV 发布　　　　　　　　　0.0 MB ☑ 🗐 万维网服务　　　　　　　　　　1.9 MB ☑ 🗐 远程管理 (HTML)　　　　　　　5.7 MB ☐ 🗐 远程桌面 Web 连接　　　　　　0.4 MB 描述: 包括对通过 Internet 远程管理 IIS Web 服务器的支持。 所需磁盘空间: 　　17.9 MB　　　[详细信息(I)] 可用磁盘空间: 　　5839.0 MB 　　　　　　　　　　[确定]　　[取消]	打开"万维网服务"对话框,勾选"远程管理（HTML）"复选框,单击"下一步"按钮直到完成安装。

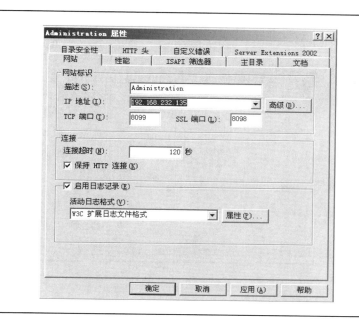

打开"Internet 信息服务（IIS）管理器"对话框，右击"网站"下的"Administration"，在弹出的快捷菜单中选择"属性"命令，打开"Administration 属性"对话框，如左图所示。

选择"网站"选项卡，在"IP 地址"下拉列表中选择本地计算机 IP 地址，其他选项保持默认设置，单击"确定"按钮使设置生效。

2. 登录 Web UI 远程管理

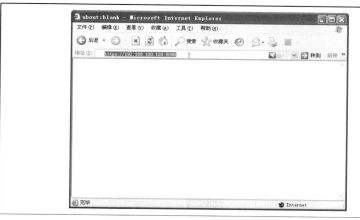

打开客户端 IE 浏览器窗口，在"地址"栏中输入 Web 远程管理服务器地址 https://服务器 IP 地址:服务器 SSL 端口号，如 https://192.168.232.135:8098。

打开"身份验证"对话框，输入服务器的用户名以及密码，单击"确定"按钮，进入管理主界面。

209

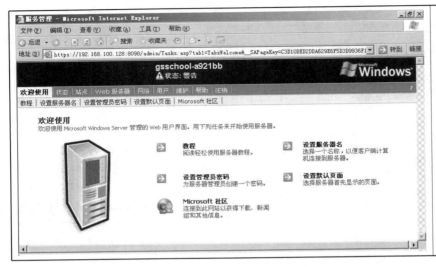

进入 Web 远程管理主界面，通过 Web 远程管理服务器可以对服务器进行很多管理操作，如修改管理员密码、管理 Web 服务器等，其操作就如同在本机一样。

如果要退出 Web 远程管理服务器，可以单击"注销"。

二、安装终端服务

Windows Server 2003 通过终端服务技术可以提供以下两大功能：

①远程桌面管理。这个功能让系统管理员可以远程管理网络和计算机,此功能已经集成在 Windows Server 2003 内,不需要另外进行安装,不过每一台计算机只允许两位系统管理员连接。

②多人同时执行位于终端服务内的应用程序。在 Windows Server 2003 内安装了终端服务器组件后,你就可以在这台终端服务器内安装应用程序,这个应用程序可以让网络上的多个用户同时来执行,而且这些计算机可以是 Windows Server 2003,Windows XP,Windows 2000,Windows NT 等。

上面两种功能都是用远程桌面协议(RDP)提供的服务,在 Windows Server 2003 中默认没有安装终端服务器组件,用户需要手动添加。安装终端服务组件的步骤如下:

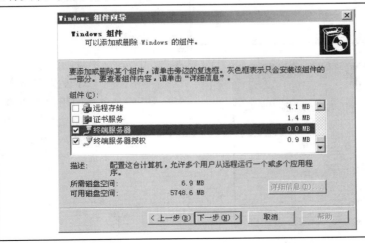

打开"添加删除组件"对话框,勾选"终端服务器"和"终端服务器授权",单击"下一步"按钮。

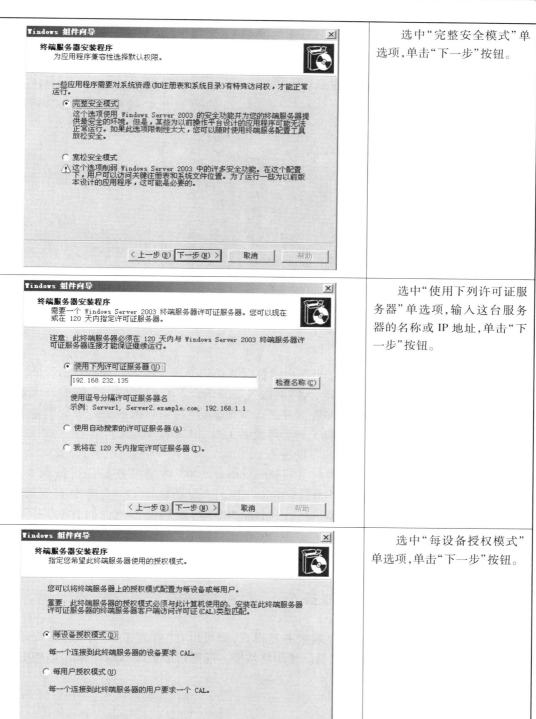

选中"完整安全模式"单选项，单击"下一步"按钮。

选中"使用下列许可证服务器"单选项，输入这台服务器的名称或 IP 地址，单击"下一步"按钮。

选中"每设备授权模式"单选项，单击"下一步"按钮。

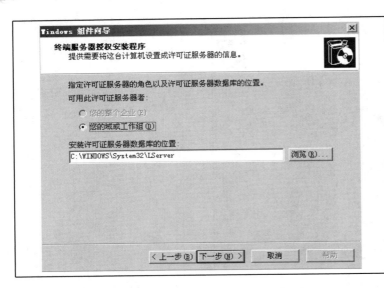

保持默认路径,单击"下一步"按钮。

最后单击"完成"按钮关闭"Windows 组件向导"对话框,按照提示重新启动计算机,完成终端服务的安装。

 友情提示

- 当使用"每设备授权模式"时,当客户端首次登录到终端服务器并进行身份验证,且终端服务器识别许可证服务器后,终端服务器将为此客户端颁发一个临时许可证。当客户端第二次登录到终端服务器并进行身份验证后,如果激活了许可证服务器,并且许可证服务器上至少安装了一个每设备 CAL 但尚未颁发此 CAL,则终端服务器给客户端颁发一个永久性的每设备 CAL。
- 终端服务器必须在 120 天内与 Windows Server 2003 终端服务器许可证服务器连接才能保证正常使用。当在"Windows 组件"对话框中勾选"终端服务器授权"复选框,则意味着这台 Windows Server 2003 终端服务器将同时作为许可证服务器。

 三、为远程管理配置终端服务

不管使用远程桌面模式还是终端服务器模式,都可以在"管理工具"中找到"终端服务配置"和"终端服务管理器"两个工具。使用终端服务配置可以更改本地计算机上 RDP 连接的属性。

1. 打开"终端服务配置"对话框

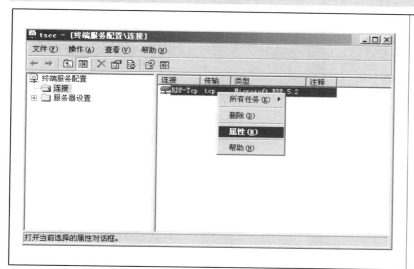

选择"开始"→"程序"→"管理工具"→"终端服务配置"命令,打开"终端服务配置"对话框。

单击左窗口中的"连接"项,右窗口中出现可选的 RDP—Tcp 连接,右键单击"RDP—Tcp",在弹出的快捷菜单中选择"属性"命令。

2. 设置远程控制方式

选择"远程控制"选项卡,如下图所示。

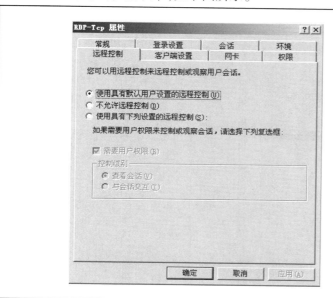

作为系统管理员,当用户在操作中遇到问题,可以利用终端服务所提供的远程控制功能,来取得他的远程桌面连接的控制权,以便指导远程用户的操作。设置远程控制方式如左图所示默认项。

【知识窗】

远程控制各项含义
- 使用具有默认用户设置的远程控制：表示用户是否可被远程控制，是由用户账户内的设置决定的。
- 不允许远程控制：该用户与终端服务器之间的远程桌面连接，无法被系统管理员从远程控制。
- 使用具有以下设置的远程控制：所有用户的远程桌面连接都可以被控制，且利用以下的设置来决定如何被远程控制。
  - ▶ 需要用户权限：若选取此选项，则当要被远程控制时，该用户的屏幕上会显示要求其同意被控制的画面，同意后才可以被远程控制。
  - ▶ 查看用户会话：只能够监视远程用户与终端服务器之间的操作，无法利用键盘或鼠标来控制。
  - ▶ 与会话交互：可以利用键盘或鼠标来操作、控制远程用户与服务之间的会话中所有的操作。

3.设置网卡

选择"网卡"选项卡，如下图所示。

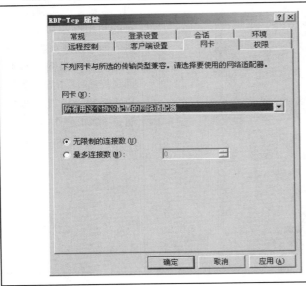

设置许可连接进入的网卡设备以及连接数。对于远程桌面，默认最多同时两个用户连接。

由于连接每个用户远程桌面后最小占用 12 MB 左右内存，因此可根据服务器内存大小来设定用户数。

4.设置会话方式

选择"会话"选项卡，如下图所示。

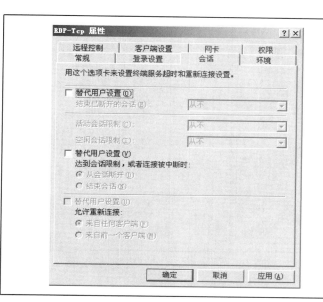

主要用来设定超时的限制,以便释放会话所占用的资源。

5. 设置访问权限

选择"权限"选项卡,如下图所示。

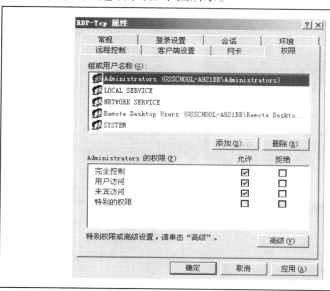

限制用户或主机终端的访问和权限配置。

在默认情况下,只有 Administrators 和 Remote Desktop Users 组的成员可以使用终端服务与远程计算机连接。

6. 设置登录提示方式

选择"登录设置"选项卡,如下图所示。

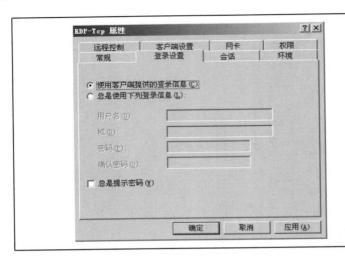

设置用户在远程连接时所显示的登录提示。

选择默认方式。

四、终端服务管理器

通过"终端服务管理器"监视和管理远程用户对服务器的连接。

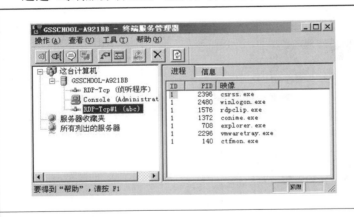

选择"开始"→"程序"→"管理工具"→"终端服务管理器"命令,打开"终端服务管理器"对话框。在左窗口中选择某个具体的 RDP,可以看到连接的用户运行的进程。

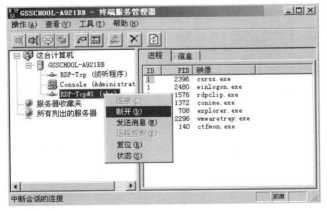

右击某个 RDP,可以断开连接,也可以向连接的用户发送消息。

五、安装配置终端服务客户

　　客户端若要连接到终端服务器,则必须安装了远程桌面连接软件。安装了 Windows Server 2003,Windows XP 系统的客户端自带有"远程桌面连接"工具,而 Windows 2000, Windows NT,Windows ME,Windows 98,Windows 95 等客户端必须要另外安装。"远程桌面连接"安装文件位于终端服务器内的% systemroot% system32 \clients \tsclient \win32 文件夹内。远程桌面功能允许管理员远程登录到一台计算机,并像在本地一样管理该计算机。

1. 远程桌面连接配置(客户端为 Windows Server 2003 或 Windows XP)

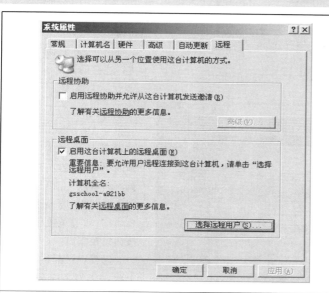

　　选择"开始"→"控制面板"→"系统",打开"系统属性"对话框,选择"远程"选项卡勾选"启用这台计算机上的远程桌面"复选框。

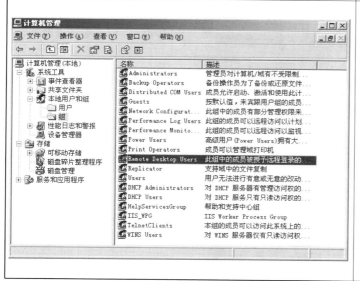

　　打开"计算机管理"窗口,将远程桌面连接的用户添加到"Remote Desktop Users"组中。

2. 远程登录服务器

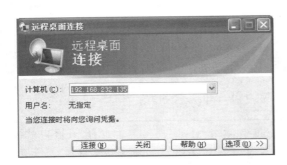

请选择"开始"→"程序"→"附件"→"通讯"→"远程桌面连接",打开"远程桌面连接"对话框。输入要连接的终端服务器或远程计算机的 IP 地址、计算机名称或 DNS 主机名称,单击"连接"按钮。

可单击"选项"按钮进行连接的设置。

输入用于登录的用户名和密码。可以按"Ctrl + Alt + Pause"组合键将其切换成全屏幕。画面中间最上方有一条黄色的区域,上面显示着服务器的 IP 地址和计算机名称,通过黄色区域的按钮可控制窗口。

远程登录后,在本机上就可以对服务器进行远程管理。

用户要结束与终端服务器的连接时,可以通过注销和中断两种方法。

【知识窗】

- 注销（logoff）：用户注销后，在终端服务器上执行的程序会被结束。注销的方法是：单击远程桌面窗口左下角的"开始"→"注销"按钮，或是按"Ctrl + Alt + Enter"组合键，弹出"Windows 安全性"对话框，单击"注销"按钮。
- 中断（Disconnect）：中断连接并不会结束用户正在终端服务器上执行的程序，而且桌面环境也会被保留。即使用户下一次是用另一台计算机来重新连接终端服务器，还是能够继续拥有上一次的环境。用户还可以直接在远程桌面窗口中的右上方单击"×"按钮来中断连接。

任务二　排除 Windows 网络常见问题

　　网络已经成为日常工作生活中不可缺少的组成部分，每天大家的工作、娱乐、学习以及沟通都在依靠网络来正常运转，它的重要性不言而喻。如果遇到网络不通了、服务终止了、资源无法共享了等问题，对于网络管理员来说是一件非常头痛的事。在本任务中，收集了一些常出现的故障问题，并且给出了一些解决办法。本任务要求你：

　　①了解 TCP/IP 配置问题；

　　②了解名称解析问题；

　　③了解网络服务问题；

　　④使用网络监视器捕获数据。

一、TCP/IP 配置问题

　　TCP/IP 是网络中使用的基本通信协议，由传输控制协议（TCP）和网际协议（IP）组成，但实际上是一组协议，包括了上百个各种功能的协议，如远程登录、文件传输和电子邮件等，而 TCP 协议和 IP 协议是保证数据完整传输的两个最重要基本协议。

1. 检查网络连接的媒体断开状态

Windows Server 2003 提供已断开或已损坏媒体的自动检测和通知。虽然已断开的媒体不是 TCP/IP 问题，但是它将停止 TCP/IP 通信。

如果网络连接所连接到的网络集线器已损坏或已断开电源,则在网络连接上若显示红色 X,指示该连接处于断开状态,如左图所示。

请检查是否已禁用连接、网络集线器是否断开电源或损坏、网线两端是否接触良好等。

2.检查网络配置

在确认你的硬件没有处于媒体断开状态。而仍然出现连接问题,请通过显示网络连接的状态或"IPConfig"命令两种方法来检查网络设置和硬件配置。尽管这两种方法报告的信息中存在一些冗余,但是每种方法报告的信息有明显的差异。

(1)显示网络连接状态

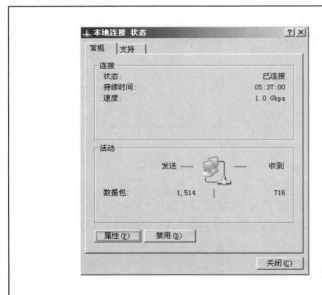

右击"网络连接",在弹出的快捷菜单中选择"状态"命令,打开"网络连接状态"对话框,在"常规"选项卡显示了连接的状态信息。

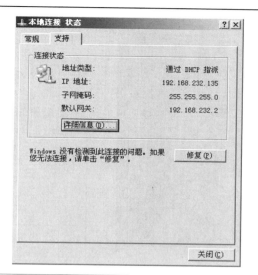

选择"支持"选项卡,可查看地址类型、IP 地址、子网掩码、默认网关等配置信息。

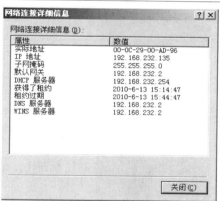

在"支持"选项卡上单击"详细信息"按钮,将显示更详细的配置信息。

 【知识窗】

　　使用"状态"命令检查配置和统计信息的优点如下:

　　①通过"活动"区中数据包的变化,因此可以确定流量实际上是否正在由网络适配器处理。

　　②单击"属性"按钮,可以轻松地访问网络连接的属性,然后可以查看或更改"客户端"、"服务"或"协议"等网络组件。

（2）使用 IPConfig 命令

　　IPConfig 命令用于显示所有当前的 TCP/IP 网络配置值、刷新动态主机配置协议（DHCP）和 DNS 设置。

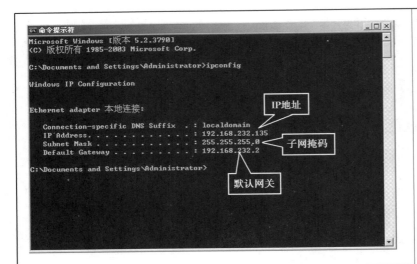

打开"命令提示符"窗口,在输入"IPConfig"命令后按回车键。

不带任何参数的IPConfig命令可以显示所有适配器的IP地址、子网掩码和默认网关。

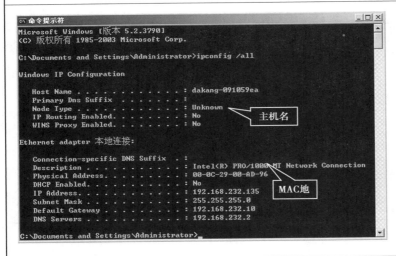

当使用 all 选项时,"IPConfig"命令能显示DNS 和 WINS 服务器的配置信息,并且显示了网卡的物理地址(MAC)。如果 IP 地址是从 DHCP 服务器租用的,"IPConfig"命令还将显示 DHCP 服务器的 IP 地址和租用地址预计失效的日期。

 友情提示

- 无法使用"IPConfig"命令显示远程计算机的配置信息。
- 我们可以通过查看"IPConfig"命令的显示信息,可找出网络配置中的相关问题。例如,如果已经使用一个 IP 地址配置了计算机,但该地址与已经检测到的现有 IP 地址是重复的,则子网掩码将显示为 0.0.0.0。

(3)使用 Ping 命令

Ping 是用来进行网络连接测试的一个程序,根据不同的测试目的可以带上不同的参数。

```
命令提示符                                           _ □ ×
Microsoft Windows [版本 5.2.3790]
<C> 版权所有 1985-2003 Microsoft Corp.

C:\Documents and Settings\Administrator>ping 192.168.232.135

Pinging 192.168.232.135 with 32 bytes of data:

Reply from 192.168.232.135: bytes=32 time=1ms TTL=128
Reply from 192.168.232.135: bytes=32 time<1ms TTL=128
Reply from 192.168.232.135: bytes=32 time<1ms TTL=128
Reply from 192.168.232.135: bytes=32 time<1ms TTL=128

Ping statistics for 192.168.232.135:
    Packets: Sent = 4, Received = 4, Lost = 0 <0% loss>,
Approximate round trip times in milli-seconds:
    Minimum = 0ms, Maximum = 1ms, Average = 0ms

C:\Documents and Settings\Administrator>_
```

在"命令提示符"窗口中输入"Ping 192.168.231.135"命令,其显示信息如左图所示。它表示本地主机已收到从被测试的机器上返回的信息,返回 32 个字节,用了 2 或 54 毫秒,TTL 为 250。

友情提示

- TTL((Time to Live)的意思是存在时间值,通过该值可以算出数据包经过了多少个路由器。
- "Send =4"表示发送了 4 个数据包,"Received =4"表示收到了 4 个数据包,"Lost =0"表示没有丢失。
- "Minimum =0 ms"表示发送时间为 0 ms,最大 2 ms,平均时间为 0 ms。

(4)使用 Ping 命令测试网络

```
命令提示符                                           _ □ ×
Microsoft Windows [版本 5.2.3790]
<C> 版权所有 1985-2003 Microsoft Corp.

C:\Documents and Settings\Administrator>ping 127.0.0.1

Pinging 192.168.232.100 with 32 bytes of data:

Request timed out.
Request timed out.
Request timed out.
Request timed out.

Ping statistics for 192.168.232.100:
    Packets: Sent = 4, Received = 0, Lost = 4 <100% loss>,

C:\Documents and Settings\Administrator>
```

测试本机网卡是否正常工作。输入"Ping 127.0.0.1"命令出现了左图所示的"Request Time Out"的提示,则说明网卡工作不正常,或者是本机的网络设置有问题。

```
命令提示符                                              _ | □ | ×
Microsoft Windows [版本 5.2.3790]
<C> 版权所有 1985-2003 Microsoft Corp.

C:\Documents and Settings\Administrator>ping 192.168.232.2

Pinging 192.168.232.2 with 32 bytes of data:

Reply from 192.168.232.2: bytes=32 time<1ms TTL=128
Reply from 192.168.232.2: bytes=32 time<1ms TTL=128
Reply from 192.168.232.2: bytes=32 time<1ms TTL=128
Reply from 192.168.232.2: bytes=32 time<1ms TTL=128

Ping statistics for 192.168.232.2:
    Packets: Sent = 4, Received = 4, Lost = 0 (0% loss),
Approximate round trip times in milli-seconds:
    Minimum = 0ms, Maximum = 0ms, Average = 0ms

C:\Documents and Settings\Administrator>
```

通过"Ping 域外主机 IP"命令可以检验网关的配置是否正确，左图为正确配置所示出的状态信息。

如果出现 4 行"Request Time out"的提示信息说明网关设置有错，请正确配置。

```
命令提示符                                              _ | □ | ×
Microsoft Windows [版本 5.2.3790]
<C> 版权所有 1985-2003 Microsoft Corp.

C:\Documents and Settings\Administrator>ping 192.168.232.100

Pinging 127.0.0.1 with 32 bytes of data:

Reply from 127.0.0.1: bytes=32 time<1ms TTL=128
Reply from 127.0.0.1: bytes=32 time<1ms TTL=128
Reply from 127.0.0.1: bytes=32 time<1ms TTL=128
Reply from 127.0.0.1: bytes=32 time<1ms TTL=128

Ping statistics for 127.0.0.1:
    Packets: Sent = 4, Received = 4, Lost = 0 (0% loss),
Approximate round trip times in milli-seconds:
    Minimum = 0ms, Maximum = 0ms, Average = 0ms

C:\Documents and Settings\Administrator>_
```

通过"Ping DNS 服务器 IP"命令可测试 DNS 服务器是否工作正常。

如果返回测试时间和 TTL 值等信息就表明正常，如果出现了"Request Time Out"提示信息，表示 DNS 设置有错，请正确配置。

 【知识窗】

出错提示信息
- No Answer：这种故障表明本机有一条通向中心主机的路由，但没有收到发给该中心主机的任何信息。原因可能是中心主机没有工作、本机或中心主机网络配置不正确、本地或中心的路由器没有工作、通信线路有故障、中心主机存在路由选择问题等。
- Request Timed Out：超时错误，被测试的机器不能正常连接。原因可能是该主机此时未连接（如已关机）、到路由器的连接有问题、路由器不能通过，对方主机使用了防火墙软件禁止进行 Ping 测试等。
- Unknown Host Name：无法解析主机名字，可能是 DNS 设置不对，或者对方主机不存在。

二、名称解析问题

当 DNS 解析出现错误,例如把一个域名解析成一个错误的 IP 地址,或者根本不知道某个域名对应的 IP 地址是什么时,我们就无法通过域名访问相应的站点了,这就是 DNS 解析故障。出现 DNS 解析故障最多的问题就是访问站点对应的 IP 地址没有问题,然而访问他的域名就会出现错误。

1. 用 Nslookup 来判断是否真的是 DNS 解析故障

	打开"命令提示符"窗口,输入"Nslookup"命令,按回车键进入 DNS 解析查询界面。
	输入要访问的站点对应的域名。如果 DNS 解析正常的话,会反馈回正确的 IP 地址,www.163.com 的 IP 地址是 122.226.207.28。
假如不能访问,那么 DNS 解析不能够正常进行,则会显示"DNS request timed out, timeout was 2 seconds"提示信息,如左图所示,这说明确实出现了 DNS 解析故障。

225

2. 查询 DNS 服务器工作是否正常

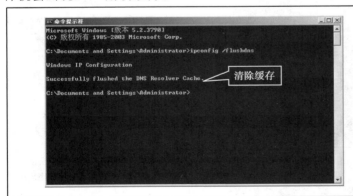

在"IPConfig /all"命令的显示信息中，"DNS Servers"一行显示了 DNS 服务器的 IP 地址。如果 DNS 出现解析错误时，可以更换一个其他的 DNS 服务器地址即可解决问题。

3. 通过清除 DNS 缓存的命令来解决故障

当计算机对域名访问时，并不是每次访问都需要向 DNS 服务器寻求帮助。一般来说，当解析工作完成一次后，该解析条目会保存在本地计算机的 DNS 缓存列表中，如果这时 DNS 解析出现变动，由于 DNS 缓存列表信息没有改变，在计算机对该域名访问时仍然不会连接 DNS 服务器获取最新解析信息，会根据自己计算机上保存的缓存对应关系来解析，这样就会出现 DNS 解析故障。

在命令行模式中输入"ipconfig /flushdns"命令，当出现如左图所示的"successfully flushed the dns resolver cache"提示时，说明当前计算机的缓存信息已经被成功清除。接下来再访问域名时，就会到 DNS 服务器上获取最新解析地址，再也不会出现因为以前的缓存造成解析错误故障了。

三、网络服务问题

在 Windows Seruer 2003 的网络中，我们经常把服务器配置成 Web 服务器、FTP 服务器或 WINS 服务器等具备各种功能的服务器，网管员在搭建和管理这些服务器的过程中，常常会遇到各种各样的故障。下面以排除 Web 服务故障为例介绍网络服务故障处理的基本流程。

1. Web 服务器没有响应

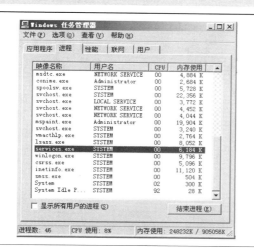

检查"Services"是否正在运行。打开"Windows 任务管理器"对话框,选择"进程"选项卡,在列表中检查是否有"Services"映像名称存在,如左图所示。

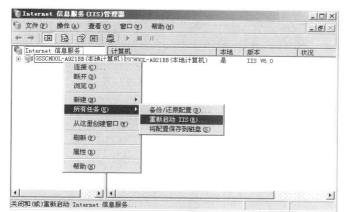

重新启动 IIS 服务。单击"开始"→"管理工具"→"Internet 信息服务(IIS)管理器",打开"Internet 信息服务(IIS)管理器"控制台,如左图所示。在左窗口中右键单击服务器名称,在弹出的快捷菜单中选择"所有任务"→"重新启动 IIS"命令,并在"停止/启动/重启动"对话框中单击"确定"按钮,即可重新启动 IIS 服务。

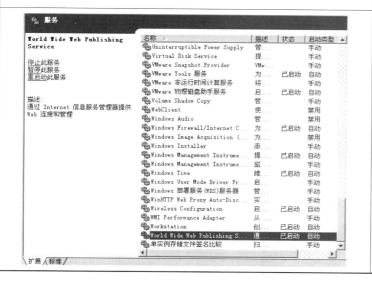

检查启动类型是否设置为"自动"。打开"计算机管理"控制台窗口,选择"服务和应用程序"下的"服务"项,在右窗口的列表中找到"World Wide Web Publishing Service"项,检查其"启动类型"是否显示为"自动",以及"状态"列表中是否显示为"已启动"。

2. 用户可以访问 Web 服务器,但无法访问 Web 服务器的内容

	检查 Web 服务器上的身份验证和加密级别。打开"身份验证方法"对话框,确认在服务器上设置了正确的身份验证和加密设置。
	检查 Web 共享权限。打开"网站属性"对话框。单击"主目录"选项卡,确认设置了适当的客户机访问权限。
	检查 NTFS 文件系统的权限。打开"安全"对话框,然后检查用户是否有正确的权限。

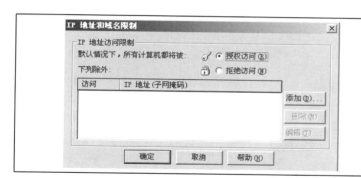

确认未将 IP 地址和域名设为"拒绝访问"。打开"IP 地址和域名限制"对话框，确认所有计算机未被设置为"拒绝访问"。

3. 用户无法在 Web 服务器上使用文件传输协议（FTP）

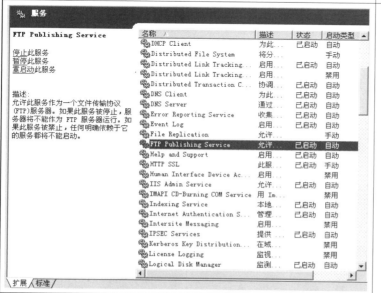

检查 FTP 权限。打开"FTP 站点属性"对话框，选择"主目录"选项卡，检查 FTP 文件夹访问权限，如"读取"、"写入"和"记录访问"。

检查是否启动了默认的 FTP 发布服务。打开"计算机管理"窗口，在左窗口中选择"服务和应用程序"下的"服务"，在右窗口的列表中找到"FTP Publishing Service"项，检查其状态是否为"已启动"。

学习评价

（1）简述如何安装和使用网络监视器。

（2）终端服务的优点是什么？

（3）简述 TCP/IP 故障排除的步骤。

（4）远程桌面连接，断开和注销有什么区别？

（5）怎样解决 DNS 名称解析的问题？

（6）某小型局域网采用 Windows Server 2003 自带的 IIS 6.0 为内网用户提供 Web 服务。由于特殊需要，经常需要运行 CGI 脚本程序，但 CGI 脚本程序只运行几分钟就提示"超过了 CGI 的时间限制"。请分析故障原因，并解决故障。

（7）某服务器使用 IIS 6.0 向用户提供 Web 服务。最近在该服务器中搭建了一个用 ASP 语言编写的论坛，却在客户端无法访问该论坛，总是提示"无法显示该页"。请分析故障原因，并解决故障。

（8）操作实践

有 5 个部门共 120 台工作站的内部网，为更好地管理网络，请你设计一个满足如下要求的管理方案：

能实时监控公司内部网络流量，及时准确地发现流量异常的工作站。

能把所有工作站的事件日志实时传送到指定的服务器，每个部门的工作站分开传送。